W0327539

KEEP ON TRUCKING

ALTE LASTER, FERNE LÄNDER

Michael Haeder

Motor
buch
Verlag

IMPRESSUM

Einbandgestaltung: Frank Zähringer

Bildnachweis: Die zur Illustration dieses Buches verwendeten Aufnahmen stammen – wenn nicht anderes vermerkt ist – vom Verfasser.

Eine Haftung des Autors oder des Verlages und seiner Beauftragten für Personen-, Sach- und Vermögensschäden ist ausgeschlossen.

ISBN: 978-3-613-03966-7

Copyright © by Motorbuch Verlag,
Postfach 103743, 70032 Stuttgart
Ein Unternehmen der Paul Pietsch Verlage GmbH & Co. KG

1. Auflage 2017

Sie finden uns im Internet unter www.motorbuch-verlag.de

Nachdruck, auch einzelner Teile, ist verboten. Das Urheberrecht und sämtliche weiteren Rechte sind dem Verlag vorbehalten. Übersetzung, Speicherung, Vervielfältigung und Verbreitung einschließlich Übernahme auf elektronische Datenträger wie DVD, CD-ROM usw. sowie Einspeicherung in elektronische Medien wie Internet usw. ist ohne vorherige schriftliche Genehmigung des Verlages unzulässig und strafbar.

Lektorat: Joachim Köster
Innengestaltung: Ralf Weinreich
Druck und Bindung: Gorenjski Tisk Storitve d.o.o., 4000 Kranj
Printed in Slovenia

Foto: Ralf Weinreich

INHALT

VORWORT

Wie wahrscheinlich jeder kleine Junge fing ich im Alter von ca. 10 Jahren an, mich allmählich für Autos zu interessieren. Das war so um 1960. Am meisten faszinierten mich dabei aber immer die Lastwagen. In der Hoffnung, die damaligen Lkw irgendwann wiederzusehen, habe ich angefangen, die Nummernschilder von Lastwagen zu sammeln. Ich saß auf einer Holzkiste, die für Streusand vorgesehen war, und freute mich, wenn ausländische Lkw, meist mit farbenfroher Plane, z.B. mit einer grünen für Frankreich, an der Ampel zum Stehen kamen und ich ihre Nummern notieren konnte.

Es kam mir dabei wohl in den Sinn, dass man mit Nummernschildern nicht allzu viel anfangen konnte, deshalb habe ich angefangen, die Laster zu fotografieren. Auf diese Weise war die Chance, diese Lkw wieder zu sehen und zu erkennen, schon größer!

Meine Mutter meinte, ich solle aufhören, solch einen Blödsinn zu knipsen. Dafür würde sie mir kein Geld mehr geben. Also suchte ich nach einem Weg, mein Hobby weiterführen zu können. Ich wünschte mir zu Weihnachten ein Vergrößerungsgerät, um selbst Bilder entwickeln und vergrößern zu können. Nachdem ich dieses Gerät bekommen hatte, fotografierte ich meine Klassenkameraden, Lehrer etc., verkaufte diese Bilder und konnte davon mein Hobby finanzieren.

Begonnen habe ich mit Schwarz-Weiß-Fotos. Dafür verwendete ich anfangs eine KODAK INstamatic, anschließend wechselte ich zu Vaters Zeiss Ikon Contaflex, für die ich leider kein Tele- oder Zoom-Objektiv hatte.

Es muss um das Jahr 1968 gewesen sein, als ein Redaktionsteam des WDR 3 die Reise eines Henschel-Lkws nach Istanbul begleitete. In mehreren ausgestrahlten Folgen wurde die erfolgreiche Reise der Fahrzeuge dokumentiert.

Diese Sendung setzte sich in mir fest und ich beschloss: diese Reise machst du eines Tages auch einmal. Allerdings sollte es noch bis zum Jahr 1976 dauern, bis ich meine erste Reise gemeinsam mit einem Freund dann wirklich starten konnte. Wir fuhren auf der klassischen Gastarbeiterroute bis in die Nähe von Izmir im asiatischen Teil der Türkei.

In den 1980er Jahren machte mir meine Frau die Freude, mich fünf Mal in den Türkeiurlaub zu begleiten.

Für sie war es oft nicht einfach zu ertragen, wie ich an der nächsten Autobahnausfahrt wendete, um auf der Gegenfahrbahn entgegenkommende Lkw zu überholen und zu fotografieren. Für ihre Geduld bin ich ihr noch heute dankbar, denn ohne ihr Verständnis wäre es sicherlich nicht zu dieser Fülle an Fotos gekommen, die sich heute in meinem Besitz befinden.

Die Vielfalt der Lkw-Hersteller, denen ich in der Ferne begegnete, war unglaublich und über diesen Umweg entdeckte ich die Liebe zu diesen Ländern. Immer jedoch interessierte mich dort vor allem die Vielfalt der auf den Straßen fahrenden Fahrzeugmarken, dabei spielte es für mich keine Rolle, aus welchem Land diese nun konkret stammten. Um sie zu fotografieren, musste ihre äußere Hülle noch einigermaßen erkennbar sein. Ich fotografierte diese selbst dann, wenn sie aus der Not geborene Nach- und/ oder Umrüstungen in Bezug auf Motor oder Getriebe aufwiesen.

Meine Reisen führten mich durch Europa, die Türkei, arabische Staaten wie Syrien, Jordanien und den Iran, aber auch in asiatische Länder wie Vietnam, Indien oder China und bis nach Südamerika. Bei den für dieses Buch ausgewählten Fotos habe ich mich extra für solche entschieden, die aus Ländern stammen, über die es noch nicht soviel veröffentlichtes Material gibt.

Foto: Ralf Weinreich

DEUTSCHLAND

In Düsseldorf gab es zwei sehr interessante Plätze, an denen ich Lastwagen aus vielen verschiedenen Ländern fotografieren konnte. In den 1970er Jahren, als an den Grenzen noch Schlagbäume standen und mitgeführte Waren verzollt werden mussten, war das Hauptzollamt in Düsseldorf an der Schirmerstraße deshalb eigentlich täglich einen Besuch wert.
Besonders die Fahrzeuge aus dem fernen Iran, von denen manchmal mehrere gleichzeitig da waren und die offenbar mit deutschen Spediteuren verbandelt waren, traf ich sehr oft an. Doch auch interessante ältere Marken konnte man am Hauptzollamt sehen.
Die iranischen Lastwagen der Marken Mack und Mercedes-Benz wurden dabei unter Lizenz im Iran selber hergestellt. Unter ihren jeweiligen Typenbezeichnungen am Laster waren auch die Namen der Hersteller zu lesen.

Das Mörsenbroicher Ei in Düsseldorf in den 1960er Jahren. In der Mitte rechts befand sich die Endhaltestelle der Linie 8. Heute ist der Platz komplett umgebaut.↑

Im Zuge der Erweiterung des Düsseldorfer Flughafens wurden größere Erdbewegungen notwendig, um entsprechende Parkmöglichkeiten in Form von Parkhäusern zu schaffen. Für dieses Vorhaben hatte man mehrere Straßenbau-Unternehmen beauftragt. Deren Vielfalt in Form von Marken wie Henschel, Krupp und Magirus ist nicht zu übersehen.→

AEC-Lastwagen aus England wurden oft mit holländischen Kabinen versehen. Deshalb sah man Anfang der 1970er Jahre noch einige dieser Lastwagen im benachbarten Ausland. Hier ein Lkw der Firma van Twist, die heute noch im Schwertransport tätig ist, fotografiert am nördlichen Zubringer in Düsseldorf.→

VAN TWIST
DORDRECHT

Die Autobahn A 3 in der Nähe der Auffahrt Mettmann war zu dieser Zeit noch zweispurig. Es lohnte sich immer, hierher zu fahren, weil sie schon vor rund 45 Jahren eine wichtige Verkehrsader war. Die polnische Staatsspedition PEKAES bevorzugte eigentlich Volvo F 88-Zugmaschinen, doch hatten sie auch einige spanische Pegaso in Betrieb.

Der Düsseldorfer Güterbahnhof beherbergte gleichzeitig das Düsseldorfer Hauptzollamt. Es war Anlaufstelle für alle Lkw, die Waren zu verzollen hatten. Gott sei Dank war es per Fahrrad gut von meinem Wohnort aus zu erreichen. Die ungarische Staatsspedition HUNGAROCAMION verwendete vornehmlich Volvo F 88-Fahrzeuge. Diese waren anhand der gelben Planen immer gut auszumachen.

Es gab einige kleine örtliche Zusteller, darunter die Fa. Wwe Jonen, die in der unmittelbaren Nachbarschaft Waren auslieferte, die vorzüglich mit Hanomag-Fahrzeugen ausgestattet waren. Der holländische Scania 76 war zu dieser Zeit noch ziemlich neu. Hinten rechts befand sich die Wiegestation, in der sich heute (unter Denkmalschutz) ein uriges Restaurant namens OLIO befindet.

Der Volvo N88 eignete sich wohl besonders für die Reisen aus dem Iran nach Deutschland. Die deutsche Spedition Hirsch hatte eine Dependance in Teheran. Sie lieferte mit diesen Fahrzeugen Teppiche nach Deutschland und nahm auf dem Rückweg Volvo-Ersatzteile mit in den Iran.

Dieser Lkw – ebenfalls ein Volvo 88 – war im Auftrag der holländischen Spedition van Gend & Loos unterwegs. Die Fahrer fuhren jeweils allein, ihr genauer Ankunftstermin war wegen der vielen Grenzübergänge nie genau im Voraus bestimmbar, GPS war ein Fremdwort. Diese Umstände bescherten ihnen genügend Pausen, die die Fahrer in den oberhalb der Kabinen angebrachten Schlafstellen verbrachten.

Noch eine Staatsspedition: die aus Rumänien war durch den Aufdruck »ROMANIA« leicht zu identifizieren. Ihr Fahrzeugpark war ziemlich bunt zusammengewürfelt, von Leyland, Henschel, Fiat bis Volvo wurde alles genutzt. Der hier abgebildete Skoda 706 R war allerdings auch in den Sechzigern eine Rarität.

Ein immer wieder aufs Neue toller Anblick waren die Fahrzeuge der Firma Mateu & Mateu aus Spanien. Sie verwendeten damals Mack-Fahrzeuge, die man im europäischen Ausland eigentlich nur in kleiner Zahl in Frankreich, Belgien oder den Niederlanden zu sehen bekam. Lackiert waren sie in einem edlen dunkelgrünen Ton. Neben dem Mack B 61 bereicherten auch Mack F 700-Frontlenker den Fuhrpark dieser Firma.

Der zweite interessante Platz in Düsseldorf war der SVG-Autohof an der Erkrather Straße, wo besonders an den Wochenenden die Lastwagen, bedingt durch das Sonntags-Fahrverbot, parkten und auf den Sonntagabend warteten.

Durch die Düsseldorfer Industrie-Unternehmen Feldmühle, Rheinmetall, Daimler-Benz, (heutiges Sprinter-Werk), Henkel etc. war der Standort sicherlich attraktiv, um mit diesen Unternehmen Handel zu betreiben.
Selbst die in damaligen Zeiten seltenen englischen Fahrzeuge konnte man hier sehen, darüber hinaus aber auch Vanaja und Jyry-Sisu aus Finnland; sie alle waren selbstverständlich eine Augenweide.

Immer zu Beginn des Wochenendes wurden die Fahrzeuge, die noch ihren Ladungsauftrag vor sich hatten, auf dem großen SVG-Parkplatz an der Erkrather Straße in Düsseldorf abgestellt. Eine finnische Firma nannte sich POLAR-EXPRESS. Ein Diamond T aus der Türkei war ein äußerst seltenes Fabrikat; der Fahrer musste entweder auf dem Sitz oder im Hotel schlafen.

Rechtsgelenkte Fiat aus Italien, hier ein 682N3 »3 Assi Perlini«, waren für mich immer ein ebenfalls gern gesehener Anblick. Die »Vielachselei« war eine italienische Spezialität, Perlini war ein Anhänger-Hersteller, stattete aber italienische Lkw auch mit einer zusätzlichen dritten Achse aus.

Der SVG-Hof glänzte mit einer Vielfalt von Lkw-Herstellern: v.l.n.r.: Magirus Mercur; Scania 76; Mercedes-Benz mit Schweizer Fahrerkabine; Berliet GR 250; Willème; MAN 745.

In Österreich gab es vier namhafte Lkw-Hersteller: Steyr, Saurer-Österreich, OeAF und der hier abgebildete Gräf und Stift mit dem Löwenkopf im Emblem. Sie hatten nur drei verschiedene wichtige Typen im Programm und wurden fast nur von österreichischen Spediteuren eingesetzt.

In den 1950er Jahren wurden Lastwagen von Steyr zum Wiederaufbau in Berlin eingesetzt. Doch schon damals waren sie ein seltener Anblick. (Foto: © Bill Godwin)

In Ost-Berlin war in den Sechzigern bezüglich Lkw nicht allzu viel los. Auf der Stalinallee fuhr ein IFA S 4000-1. Im Vordergrund parkt ein Ford M 12 Weltkugel, wahrscheinlich ein Gast aus dem damaligen Westdeutschland. (Foto: © Bill Godwin)

ENGLAND

Ein schwerer Scammell passiert gerade »The Houses of Parliament«. Die Zugmaschinen dienen bis heute noch zahlreichen Kirmes-Unternehmen als treue Gefährten und werden mit viel Liebe gehegt und gepflegt. Ihre dicken Bleche scheinen bis in alle Ewigkeit zu halten. (Foto: © Bill Godwin)

Lebhafter Verkehr in der City of London an der Bank of England. In den End-Fünfzigern besaßen die Londoner Taxen noch die offene linke Gepäcktür, während die Doppeldecker-Busse noch mit ihrer schönen alten Form aufwarteten. (Foto: © Bill Godwin)

ADAM
COIFFEUR pour DAMES
Peggy Wilson
Relyon
RESTCOTS
THE DAINTIEST SHOP IN TOWN
RESTCOTS
ALL BABY'S NEEDS
RESTCOTS
HITCHINGS & CO.
MIDLAND BANK LIMITED
MATERNITY
Tea you can really taste P.G.Tips
CRANFORD
CIVIL ENGINEERING CONTRACTORS

Eine Londoner Baustelle in der Nähe der Bayswater Road. Man beachte die altertümliche Bau-Ausstattung, das Baustellenhäuschen wurde noch durch einen Kamin beheizt. Die Zement-Mischmaschine hat lieferwagengroße Ausmaße. Ein Bedford S-series liefert Material an. Dieser Lkw war auch bei der britischen Rheinarmee ein oft gesehenes Fahrzeug. (Foto: © Bill Godwin) ←

»19th nervous breakdown« würde der Engländer sagen. Falsches Beladen und Materialermüdung führten wahrscheinlich zu diesem Achsenbruch. Rechts ist noch ein O-Bus zu sehen; diese sind in den frühen 1960er Jahren eingestellt und (leider) verschrottet worden. In einigen Stadtteilen fuhren auch Straßenbahnen. (Foto: © Bill Godwin)

»In the countryside« ist alles gemächlicher und ruhiger. Ein Seddon fährt durch ein typisches englisches Dorf. Im Hintergrund das pub (public house) »Ye olde red Lion«, der alte rote Löwe. Jeder Name einer Kneipe hat irgendetwas mit der Vergangenheit des Hauses zu tun. Die ersten namhaften Pubs hat es schon um 1500 gegeben. (Foto: © Bill Godwin)

Wieder vor der Bank of England. Für England typisch waren die »flatbed-lorries«, auf denen die Ladung fixiert wurde, hier wahrscheinlich Papierrollen. Meist dienten farbige Planen zum Schutz und wurden mit kräftigen Kordeln zusammengehalten. (Foto: © Bill Godwin)

Schwungvoll gestaltete Karosserien waren in England keine Seltenheit. Es gab genügend sogenannte »Coachbuilder«, die sich im Omnibusbau einen Namen machten. Offensichtlich ist auch bei diesem Lieferwagen der Ursprung im Busbau zu suchen. Die Firma Vulcan hat schon vor vielen Jahren ihre Geschäftstätigkeit eingestellt. (Foto: © Bill Godwin) ←

ERF war bis vor kurzem noch einer der letzten britischen Lkw-Hersteller, wurde aber von MAN übernommen. Den Zuspruch erhielt MAN nicht zuletzt auch deswegen, weil MAN sich verpflichtete, die Armee mit den neuen Militärfahrzeugen auszustatten. Anhänger mit vier Rädern in einer Reihe kannte man eigentlich nur in England und in den Niederlanden, im Rest Europas waren sie eher selten. (Foto: © Bill Godwin)

Großbritannien exportierte kräftig Pkw und Lkw nach Dänemark. Die Städte dort waren voll damit. Auf diesem Bild befindet sich im Vordergrund ein Bedford der bekannten Tuborg Brauerei, rechts ein Opel Rekord. Auf dem Parkplatz links sieht man die Frontpartien zahlreicher englischer Pkw.

Die Länder, die keine eigene Lkw-Produktion hatten, waren für mich immer besondere Reiseziele. Belgien etwa bezog seine Lastwagen aus ganz Europa, aber einige bevorzugten offensichtlich auch US-Marken wie diesen Ford F 500; die Mineralölfirma ESSO belieferte z. B. ihre Tankstellen mit White 9000 series trucks. Leider verschwanden diese Hersteller recht schnell aus dem Straßenbild.

Zugegeben, mein Herz schlägt für Lastwagen. Aber dem Zauber der italienischen Omnibusse konnte ich mich nie entziehen. Italiener sind ja für ihren modischen Chic bekannt, und dies zeigten auch die Bus-Hersteller. Eine Vielzahl der unterschiedlichsten Modelle kann man hier an der Piazza Navona in Rom bewundern.

SPANIEN

Etwa im Jahr 1975 führte mich meine erste Reise mit dem Auto nach Spanien. Meiner damaligen Freundin hatte ich noch nicht gestanden, dass mich in diesem Land hauptsächlich Lastwagen interessierten. Deshalb schoss ich dieses Foto erst einmal durch die Scheibe meines Pkw. Zu sehen ist ein seltener International KB 6 der Firma Mateu & Mateu, von der ich schon, wie erwähnt, Fahrzeuge auf dem Düsseldorfer Zollhof erblickt hatte. Diese Firma schien US-Trucks zu lieben.

Am Beispiel des DKW 3=6 Kleinlasters konnte ich zumindest erklären, dass ich mich für »Oldtimer« begeisterte; so war zumindest eine Verbindung zu meinen Lieblingsobjekten hergestellt. Allerdings handelt es sich hier um ein ziemlich heruntergekommenes Modell.

Das A und O für gute Fotos ist es natürlich, immer eine gute Ausfallstraße zu finden. Aus Sicht des Hobbyfotografen war es toll, dass sich der gesamte Verkehr mangels Umgehungsstraßen immer noch innerorts abspielte. Hier ein Pegaso der neueren Generation.

Es gab in Spanien eine recht ordentliche heimische Lastwagenproduktion: Sie bestand aus Pegaso, Barreiros, Ebro, Avia und Nazar. Außerdem existierte noch die Firma SAVA, die Lieferwagen und Kleinlaster aus England in Lizenz baute. Dieser Pegaso hatte noch eine geteilte Frontscheibe. Das war ideal für Glasschäden, denn es musste im Falle eines Falles nie die komplette Frontscheibe ausgewechselt werden.

Obwohl mich Lastwagen unter ca. 7,5 Tonnen für gewöhnlich nicht sonderlich interessierten, so verhielt es sich damit in fremden Ländern doch etwas anders. Denn diese waren für mich eben »exotisch« und ungewöhnlich. Außerhalb Spaniens bekam man sie kaum zu Gesicht. Dieser Avia gehörte dazu; er hat nichts mit dem gleichnamigen tschechischen Hersteller zu tun.

Dieser Mercedes Lo 2000 (oder Lo 2500) aus der Vorkriegszeit hat die Zeitläufte recht unbeschadet überstanden. Im Hintergrund befinden sich die von Seat in Lizenz gebauten Fiat 1800 oder Fiat 2100, die hier als Taxis unterwegs sind. →

Der ursprüngliche Benzinmotor dieses Citroen wurde durch einen Perkins-Diesel ersetzt. Das Emblem auf der Stange zwischen den Scheinwerfern deutet darauf hin. ↘

Ähnlich verhält es sich mit diesem Ebro. Auch er war außerhalb Spaniens nicht zu sehen. Man betrachte die parkende Reihe der Pkw hinter dem Ebro, lauter Schätzchen aus vergangenen Zeiten: Citroen 2 CV Combi, Seat 850, Opel Kadett II u.s.w.

GE-5791
SP

PEPSI
BAR
GE
GE-4343

Die Marke Ebro gab es 1978 immer noch. Dieses Mal konnte ich ein schwereres Modell entdecken, welches offensichtlich gerade von seinem Besitzer zum Wochenende gewaschen wurde.

Im Jahr 1978 bin ich noch einmal nach Spanien gereist, dieses Mal allein. Auffallend oft konnte man die österreichischen OeAF 980 Tornado sehen. Sie genossen ein hohes Maß an Zuverlässigkeit. Das auf der Stoßstange angebrachte »SP« war nicht die Länderbezeichnung für Spanien, sondern bedeutete »servicio publico«, was man etwa mit »Güternahverkehr« übersetzen könnte. Ein einzelner Scheibenwischer reichte bei dem vorwiegend sonnigen Wetter in Spanien aus.

Die modern gestalteten Dodge-Frontlenker fielen im Straßenverkehr schon auf. Sie zwangen einen geradezu, unwillkürlich immer auf die großen, bunten Sonnenblenden zu schauen, die auf den Fahrerhäusern montiert waren. Ursprünglich stammten diese Fahrzeuge von Barreiros, doch aufgrund zu geringer, sich nicht rechnender Stückzahlen ist dann DODGE in das Geschäft eingestiegen.

Vor der malerischen Kulisse der Kathedrale von Palma de Mallorca befindet sich ein kleiner Parkplatz. Hier stehen verschiedene zeittypische Pkw-Marken und rechts davon ein Ford Thames Trader 70. Auch britische Ford-Lastwagen fanden großen Anklang in Spanien.

Beinahe hätte ich damals einen seltenen Leckerbissen übersehen, denn von hinten sah er ganz gewöhnlich aus und die Front konnte man nicht erahnen. Bei diesem Fahrzeug handelte es sich um einen raren TMU, Tomas Mintegui Urigüen aus Bilbao. Das Modell trägt die Bezeichnung TMU Forestal 6675 und war mit einem Pegaso-200-PS-Motor ausgestattet. Wie der Name es andeutet, war der Laster für den Forstbetrieb bestimmt.

PORTUGAL

1989 führte mich erstmals ein Urlaub nach Portugal. Ich wusste, dass es in Portugal eigene Kabinenhersteller gab, die vornehmlich englische AEC (Associated Equipment Company) und Atkinson damit bestückten. Mein Aufenthalt in Portugal fand gerade noch zur rechten Zeit statt, denn im Zuge des portugiesischen EU-Beitritts sind viele ruckzuck verschwunden. Aber ich musste mich auch an eine große Menge von Hanomag/Henschel-Fahrzeugen gewöhnen.

Auch die alten DAF waren ziemlich verbreitet. Leider hat man damals diesen Fahrzeugen nicht allzu viel Aufmerksamkeit gewidmet, im Irrglauben, es bliebe noch genügend Zeit, um sie zu fotografieren – und dann waren sie auf einmal weg!!→

Überland waren dann die ersten individuellen Kabinen zu sehen, hier bei einem Atkinson. Diese Kabinen hat es so in Großbritannien nie gegeben. In Porto existiert eine Firma namens UTIC, die sich mit dem Umbau befasste. Die Sonne Portugals ließ die Lastwagen kaum rosten.

Portugal verfügte, außer einem Militärfahrzeughersteller, über keine wesentliche eigene Fahrzeug-Produktion. Aber Berliet wurde in Lizenz unter dem Namen Berliet-Tramagal in Portugal gebaut und war oft zu sehen. Darüber hinaus gab es auch das Militärmodell »Gazelle« mit dem portugiesischen Emblem.

B. V. ESPINHENSES
DB-74-22
ARMAZÉM
MATERIAL

MAN
ATKINSON
LISBOA
50
FE-33-41

Auch die schönen Rundhauber von MAN waren keine Seltenheit. Wieder handelt es sich bei ihnen um Fahrzeuge, von denen man dachte, man könnte genügend davon im eigenen Land fotografieren, aber da waren sie schon fast weg. Auch Feuerwehren verwendeten im ganzen Land diese zuverlässigen Modelle.

Die Fahrerkabinen der AEC-Feuerwehr von Espinho stammten ebenfalls von der Firma UTIC. Das Emblem AEC wurde in Portugal und ebenso in Südamerika durch das Emblem ACLO (Associated Company, Lorries and Omnibusses) ersetzt. Die Modellbezeichnung »Mammoth Major« ist aber übernommen worden. ↖

Noch ein Atkinson mit portugiesischer Kabine. Die Fahrzeuge wurden im Hafenverkehr für die Fahrt zum Kunden eingesetzt. Blieben die Seitenwände unten, so konnte man auf diese Weise einen 20 ft Container auf die Ladefläche absenken. ←

Schwer beladene Lastwagen haben immer etwas Abenteuerliches an sich. Man denkt unwillkürlich, hohe Ladungen müssten automatisch zu Übergewichten führen. Handelt es sich jedoch um leere Bierkästen, dann relativiert sich die Sache schon wieder, wie hier bei diesem Volvo N88.

ÖSTERREICH

Auf meinen Reisen gen Balkan musste ich natürlich die damals existierende Kontrollstelle Walserberg an der Grenze Deutschland/Österreich passieren. Auch dieser Grenzübergang war ein Hort von Lastwagen aus dem gesamten Balkan mit einer Vielzahl unterschiedlicher Hersteller. Rumänien mit Unic und Henschel, die Türkei mit allen Marken, Griechenland, Iran, Ex-Jugoslawien, Bulgarien mit Berliet, außerdem gab es noch eine große Menge an Lkw mit deutschen Zollkennzeichen für den Export. Immer am Sonntagabend um 22 Uhr wurde das Rennen um die begehrtesten Zollabfertigungsplätze eröffnet.

Wenn man auf der A8 in Richtung Österreich fuhr, dann wusste man anhand der Nationalitätskennzeichen, dass man sich auf der damaligen »Gastarbeiterroute E5« befand. Dieser bulgarische MAN tankte noch einmal in der Nähe des Chiemsees auf einem heute rar gewordenen Kopfsteinpflaster-Parkplatz.↑

Der Grenzübergang D – A in Walserberg präsentierte einem eigentlich jeden Tag neue Fotomotive. Die Verzollung dauerte damals ca. 1,5 bis 2 Stunden, dann waren die Lkw durch, außer sie hatten irgendwelche dubiosen Ladungsgegenstände an Bord. Somit wechselte der Fahrzeugpark entsprechend schnell. Immer wieder von neuem waren die Lastwagen der Marke Volvo eine Augenweide, so wie auch dieser N 88.←

CCC – Crane Carrier Company – ist in den USA eigentlich ein Hersteller von Chassis für Autokräne oder Müllfahrzeuge. Aber einige Zugmaschinen wurden für den Fernverkehr in den Iran geliefert, dieses Exemplar kam aus Teheran.

Wenn man am Grenzübergang auch mal in die zweite oder dritte Reihe schaute, so kamen dort auch etwas seltenere Lkw zum Vorschein wie dieser Faun aus Istanbul. Aus welchen Gründen auch immer hatten einige türkische Fahrer die Ruhe weg. In Zeiten ohne GPS waren die Spediteure wahrscheinlich froh, dass alle wieder gesund und unbeschadet nach Hause kamen, die Zeit spielte noch nicht eine so große Rolle wie heute. ↓

MACK
T.I.R
MACK
TIR
MACK

MACK
MACK
MACK

Um zu sehen, aus welcher Stadt die türkischen Fahrzeuge stammen, gibt es in der Türkei folgendes System: Entsprechend der Reihenfolge der Städtenamen im Alphabet bekommen die Autos eine Kennziffer auf dem Nummernschild: »01« steht beispielsweise für ADANA, eine im Alphabet ganz vorne stehende Stadt. Im Alphabet weiter hinten stehende Städte bekommen entsprechend höhere Kennzahlen. Beispiel: »33« steht für ISKenderun, »34« bedeutet ISTANBUL (von dort kommt der abgebildete Büssing her), und »35« ist IZMIR.

Imposant erschienen mir immer die iranischen Konvois. Meist hatten deren Lastwagen zwei verschiedene Nummernschilder, eines mit lateinischen Zahlen und Buchstaben, das andere in Farsi und mit arabischen Zahlen. Und Macks sah man auch nicht alle Tage in Europa. Die Frontlenker F 700 warteten ebenso auf ihre Abfertigung wie die R 600 Hauber. ←↙

Bevor ich mich auf die Reise in den »wilden Osten« aufmachte, wie man es damals nannte, hatte ich zuvor immer noch das Bedürfnis, in einem »vernünftigen Hotel« mit österreichischem Charme und Frühstück zu übernachten. Die morgendliche Ausbeute an Austria-Fahrzeugen war noch eine zusätzliche Belohnung, wie dieser Saurer aus heimischer Produktion in Pörtschach am Wörthersee.

ÜBER DEN BALKAN IN DIE TÜRKEI

Auch das ehemalige Jugoslawien besaß eine eigene Lastwagen-Produktion. Allerdings stellte das Land vor allem Lizenzfertigungen her. Dieses FAP-Famos-Gespann weist auch deutlich Spuren von Saurer-Österreich auf, so wurden z.B. hier noch die alten Kabinen verwendet.

Sobald man Österreich verlassen hatte und nach dem Loibl-Pass in Kärnten ehemaliges jugoslawisches Terrain befuhr, änderte sich die Fahrzeug-Szene schon deutlich. FAP-Famos, in Lizenz gebaute Saurer-Austria-Lkw waren sehr stark verbreitet, aber auch Ràba sah man ziemlich oft. Sie verwendeten schon damals MAN-Kabinen, der Rest wurde in Györ zusammengebaut.
Der Ursprung der österreichischen Saurer-Fahrzeuge war durchaus zu sehen, aber die Österreicher selber waren zu jener Zeit fahrzeugtechnisch schon etwas weiter ...

Auch die Eckhauber stammten ursprünglich von Saurer aus Österreich. Sie waren aus dem alltäglichen Straßenbild nicht wegzudenken und machten eigentlich auch einen stabilen Eindruck. Jedenfalls fand ich wenig liegengebliebene Fahrzeuge an den Rändern der Überlandstraßen.

Unter dem Firmennamen ZAMYAD wurden im Iran schon vor dem Embargo auch Volvo-Fahrzeuge zusammengebaut. Wie man an den alten N88 sehen kann, war der Iran zudem immer ein Volvo-Land. Deshalb erfreuten sich auch die neuen Hauber der Serien N10 und N12 großer Beliebtheit. Zuverlässig waren sie sowieso.

Es war interessant zu sehen, dass sich die Fernfahrer in Jugoslawien immer noch schnell mit den notwendigsten Lebensmitteln etc. versorgten, bevor sie nach Bulgarien einreisten. Jugoslawien war damals unter Tito ja nicht so streng sozialistisch (man konnte dort schöne Urlaube verbringen) wie das dann folgende Bulgarien. Die Aufnahme dieses Fotos stammt bereits aus der Zeit der Ajatollahs im Iran, wie man an dem Firmenaufdruck »I.R.I.T.« auf der Lastwagenplane sehen kann: Islamic Republic International Transport.

Bulgarien war zur damaligen Zeit mehr denn je ein Agrarland mit großer Anlehnung an Russland und stark von der Kehrseite des Sozialismus geprägt. Ähnlich wie in der ehemaligen DDR war es auch hier erlaubt, mit zwei Anhängern zu fahren. Das sparte letztlich Zeit und Energie. Es war nicht sonderlich attraktiv, in Bulgarien zu verweilen, außerdem war der Transitweg vorgegeben. Man war daher froh, wenn nach ca. 400 km Fahrt quer durchs Land Bulgarien wieder verlassen werden konnte.

Wer die Route über Ungarn und Rumänien in die Türkei wählte, dem zeigte sich der Balkan in einem anderen Licht. Ungarn als Mitglied des Comecon (Rat für gegenseitige Wirtschaftshilfe – Wirtschaftsorganisation der Ostblockstaaten) fühlte sich ein bisschen wie an der langen Leine gelassen, man konnte sich hier sehr frei bewegen. Dennoch war das Straßenbild von russischen Lastwagen geprägt. Der ZIL 130 war quasi überall einsetzbar.

Beim Fahren in die Vororte konnte ich feststellen, dass diese nicht mehr ganz so schön herausgeputzt waren wie die Innenstädte. Für Schwertransporte wurden gern die Zugmaschinen von KrAZ verwendet, denn diese kamen blendend mit den Kopfsteinpflasterstraßen zurecht.

Csepel war neben Ràba ein ungarischer Hersteller für Lastwagen bis ca. 10–12 Tonnen. Dieser Csepel D 452 wartete vor einer Baustelle auf eine Ladung Schutt.

Iranische Lastwagen tauchten immer wieder auf den jugoslawischen Parkplätzen auf, und von diesen gab es viele. Die Strecke durch das damalige Jugoslawien war ja immerhin ca. 1000 km lang. Wählte man die Route über Ungarn und Rumänien, so begegneten einem dort auch wieder lokal hergestellte Lastwagen-Hersteller, die kaum außer Landes bekannt waren, weil sie sehr selten zu sehen waren. Vielleicht traute man sich nicht mit ihnen auf eine große Reise.

Nach den älteren Modellen der Firma Csepel musste ich schon etwas länger Ausschau halten. Die russischen ZIL und GAZ waren einfach zu übermächtig auf den Straßen vertreten. Aber auch in der DDR gefertigte IFA W 50 gehörten zum Straßenbild. Diesen Werkstattwagen entdeckte ich in einer Einfahrt zu einem Gehöft.

KamAZ hatte meiner Meinung nach im Ostblock den selben Stellenwert wie bei uns Mercedes-Benz. Zwar gab es diesen Laster nur in ein paar Varianten, doch war er universell einsetzbar. Deshalb war er auch überall zu sehen: Es gab ihn als Betonmischer, als Fernverkehrs-Lastzug, als Sattelschlepper usw. Hier am Donauufer hatte ich eine sehr gute Stelle zum Fotografieren gefunden.

Csepel war die in Ungarn hergestellte Lastwagenmarke. Darüber hinaus fuhren auf den Straßen auch russische Fahrzeuge und solche aus der ehemaligen DDR. Für richtig schwere Transporte entschieden sich die Ungarn aber eher für die deutschen Faun! In Rumänien lieferte die Firma Steagul-Rosu das weit verbreitetste Nutzfahrzeug. Für die Kategorie über 20 to wählten die Rumänen Modelle aus den Bruderländern CSSR oder der Sowjetunion.

Wie bereits erwähnt: Ein IFA W 50 ließ nicht lange auf sich warten. An der selben Stelle wie der KamAZ zuvor fuhr er hier als Sattelschlepper an mir vorbei. Im Hintergrund ist ein Kleinbus der polnischen Firma Nysa zu sehen. Der Ostblock war hier fahrzeugmäßig allgegenwärtig.

Einen krassen Gegensatz zu Ungarn erlebte ich dann in Rumänien. Schon damals war es gefühlt eines der ärmsten Länder auf meiner Reise. Bei der Durchfahrt von Cluj, dem ehemaligen Klausenburg, sah ich diesen KrAZ 256, hier mit breiten Stollenreifen für den Transport von schwerem Baugerät.

An den leeren Überlandstraßen im »Lande Draculas« konnte man sehen: Der Verkehr hielt sich in Grenzen. Nach einem Restaurantbesuch – es hatte nur unansehnliches, fettes Kassler in einem »kalten« Raum mit herunterhängenden Vorhängen gegeben – stand dieser Steagul Rosu auf dem Parkplatz, der im rumänischen Brasov hergestellt worden war.

TÜRKEI ALS BRÜCKE ZWISCHEN DEN KONTINENTEN

Die Vielfalt der Lastwagenhersteller

Sobald man sich nur ein paar Stunden in der Türkei aufhielt, fiel auf, welch eine Vielfalt an Lastwagen-Herstellern aus aller Welt sich hier auf den Straßen tummelte. Damals waren Abgasvorschriften ein Fremdwort und China als Produzent fiel noch nicht ins Gewicht. Ich habe natürlich versucht, diese Vielfalt im Bild festzuhalten. Insbesondere die deutschen Hersteller genossen in der Türkei ein hohes Ansehen, was sich auch im täglichen Straßenbild widerspiegelte. Im Folgenden habe ich alle von mir fotografierten Lkw-Hersteller alphabetisch zusammengestellt:

Autocar (USA)
Büssing (D)
Commer (GB)
Csepel (H)
Henschel (D)
Mercury (USA)
Oshkosh (USA)
Saurer (A + CH)
Steyr (A)
Volvo (S)
Krupp (D)
International (USA + made in Turkey)
Magirus (D)
Mercedes (D)
MAN (D)
AEC (GB)
FWD (USA)
Kaelble (D)
OM (I)
Atkinson (GB)
Bedford (GB)
Barkas (ex DDR)
Borgward (D)
Dodge (USA)
Douglas (GB)
Faun (D)
Fiat (I)
Ford (D+GB + USA)
Chevrolet (USA)
GA3 (SU)
Hanomag (D)
Isuzu (J)
Kra3 (SU)
Lancia (I)
Mack (USA)
MA3 (SU)
Nash (USA)
Opel (D)
Reo (USA)
Phänomen (ex DDR)
Studebaker (USA)
Ward LaFrance (USA)
White (USA)
Scania (S)
DeSoto (TR)
Leyland
Austin/Morrris (GB + made in Turkey)
Brockway (USA)
Berliet (F)
Nissan (J)
Alfa Romeo (I)

Das waren 51 (!!) Fabrikate in einem einzigen Land und im selben Jahr; wo sonst konnte man so viele Lastwagenmarken sehen. Es versteht sich fast von selbst, dass ich in kürzester Zeit 36 Negativfilme »verschossen« hatte. Bei wohlwollendem Zählen kommt man heute in Deutschland vielleicht auf sieben oder acht Lkw-Marken, die einem auf den Straßen begegnen.

Wie es auf türkischen Straßen zugeht, das können Sie auf den beiden Bildern sehen, die ich im asiatischen Teil Istanbuls aufgenommen habe.

Zum Thema Autofahren in der Türkei konnte man vor ca. 35 Jahren vieles von dem vergessen, was in deutschen Fahrschulen gelehrt wurde. Zwar haben die Türken auf schwächere Verkehrsteilnehmer durchaus Rücksicht genommen, dennoch dominierte schon damals auf den Straßen im Grunde das Recht des Stärkeren. Es galt: Der Lkw überholt den Trecker, also das größere Fuhrwerk das kleinere, das war die Hierarchie im Verkehr! Und ohne eine vernünftige Hupe ging gar nichts!!

An Kreuzungen gab es ein hoffnungsloses Durcheinander. Man fuhr einfach los, der Rest regelte sich danach irgendwie. Zum Stillstand kam der Verkehr eigentlich nie, jeder versuchte, irgendwo eine freie Stelle der Straße zu entdecken.

Im Zentrum Istanbuls war es jedem erlaubt, seine Waren bis vor die gewünschte Haustür zu transportieren. Da die Häuser aber teilweise zwei oder drei Hinterhöfe hatten, gab es viele Leute, die die Waren auf den Rücken nahmen und in die entsprechenden Geschäfte trugen – das war harte Arbeit.

Ein White 750 series in der Nähe von Aydin, der hier auf eine Ladung alter Dachziegel wartet.→

Von Eceabat (Europa) geht eine Fähre über die Dardanellen nach Canaccale. Dort im Hafen stand dieser Leiterwagen der Marke Phänomen Garant 30K, auch dies ein ehemaliger DDR-Lastwagenproduzent.↘

Dieser Oshkosh R 1244 gehörte einer Transportfirma in der Nähe von Adana. Der Schriftzug »genis ve uzun arac« heißt auf Deutsch »breites und langes Fahrzeug«.

09 AC 861

CANAKKALE
BELEDIYESI
17 AC 172

HILI NAKLIYA
Tel.24937
35 AP 575

torçelik
67 AD 848

Bei diesen beiden Lkw handelt es sich um die Marke Ford-USA. Diese Fahrzeuge waren teilweise noch mit einem Benzinmotor ausgerüstet und stammten aus der Zeit des Zweiten Weltkrieges. Benzin kostete im Jahr 1982 umgerechnet etwa 25 ct; das war auch für türkische Verhältnisse sehr billig.↑→

Dieses Foto zeigt einen Opel Blitz, allerdings sicherlich nicht mehr mit der Originalbereifung. Selbst für schwere Lasten war er sich nicht zu schade.↖

Für die richtig schweren Lasten kamen in der Türkei vornehmlich US-Marken aus den 1950er und 1960er Jahren zum Einsatz. Dieser Mack B 61 sah damals schon arg mitgenommen aus. ←

LOKANTA
35 DS 271

HAL
35 AS 701
06 TY 969

Die englische Firma Douglas aus Cheltenham produziert(e) in erster Linie Flugfeld-Zugmaschinen und Terminal tractors. Nur wenige Aufbauten, wie dieser DM 4x4, fanden den Weg ins Ausland.

Ein Hanomag mit Zwillingsbereifung in der Nähe von Izmir. ←

Ein Borgward B 1500 in der Nähe von Izmir. Da es in jeder Stadt zahlreiche Autowerkstätten gab und das Improvisationstalent unglaublich groß war, stand der permanenten Instandhaltung nichts entgegen. Diese entsprach zwar wohl nicht immer unseren Maßstäben, aber sie funktionierte. ↙

Noch ein Ford, und zwar einer mit der Bezeichnung V-8. Auch er stammte aus den 1940er Jahren und war ursprünglich mit einem Benzinmotor ausgerüstet. Dieses Modell allerdings verfügte über einen nachträglich eingebauten Perkins Dieselmotor.

Die englische Marke Bedford hatte lange Zeit keine Bezeichnung für ihre Modelle. Erst in den 1990er Jahren machte Bedford sich Gedanken darüber, wie man Außenstehenden den Lkw-Typ mitteilen konnte. Aus diesen Gründen wurde das hier abgebildete Modell auch nur »2–3 ton lorry« genannt.

Die Aufschrift »Tehlikeli Madde« auf der Stoßstange dieses Shell-Tankwagens bedeutet soviel wie »Explosionsgefahr«. Bei dem Fahrzeug handelt es sich um einen International R 190.↗

»Mercury« war eine Unterabteilung der Ford Motor Corporation in den USA. Lediglich die Beschriftung unterschied sich von den Ford-Modellen. Bei dem abgebildeten Fahrzeug handelt es sich um ein Modell F600.→

Ein recht gut erhaltener Barkas V 901 im Hafengebiet von Izmir. Die ehemalige DDR war auf den Straßen der Türkei mit ihren Fahrzeugen gut vertreten gewesen. Vermutlich konnte man diese Laster einst recht billig erwerben, denn die DDR war darauf angewiesen, irgendwoher Devisen zu bekommen.

TEHLİKELİ MADDE
Shell
DOLU
TEHLİKELİ
35 HL 562
MADDE

MERCURY
42 AL 273
42·AD·199

Das Wort »BOS« auf der Stoßstange dieses MAN 758 bedeutet »leer« und wurde in die Metallummantelung eingeschoben, um anzuzeigen, dass der Laster zur Zeit unbeladen war. Sobald dieser Tankwagen mit Treibstoff befüllt wurde, hat man das Schild ausgewechselt, sodass das Wort »YÜKLEMEK« erschien, was soviel wie »beladen« heißt.

In Kayseri befand sich ein Abschleppunternehmen, welches gleich vier oder fünf dieser alten Büssing 6000 in Betrieb hatte. An Arbeit mangelte es ihm nicht, da durch den schlechten Zustand doch zahlreiche Fahrzeuge abgeschleppt werden mussten. Allerdings wurde dort nicht mit der uns geläufigen Regelmäßigkeit gearbeitet; bei Betriebsunfällen mit dem Lkw hatte man alle Zeit der Welt.

Dieser Autocar C 70 series war ebenfalls ein US-Modell für schwere Lasten. Sein Zustand und seine abgefahrenen Reifen waren kein Argument dafür, dieses Fahrzeug außer Betrieb zu nehmen.

Für Henschel muss die Türkei ein guter Markt gewesen sein. Modelle aller Serien sah ich zahlreich im Land. Ob dieser Henschel HS 120 wohl überladen war?↓

Dieser Mercedes 322 Frontlenker war in Deutschland ein seltenes Modell. Immer wieder war ich begeistert, wie sehr sich die Fahrzeuge in der Türkei noch im Originalzustand befanden. Das trockenwarme, rosthemmende Klima verhinderte schlimmere Schäden.

Es ist immer wieder erstaunlich, zu sehen, wie sich Lkw-Fahrer untereinander aushelfen, wenn der Einfallsreichtum im täglichen Verkehr nicht durch einengende Vorschriften behindert wird. Der Ford-Lkw drohte umzukippen, weil beim Parken die Ladung verrutscht war. Ein hinzugekommener MAN stützte ihn ab. Beim Tee warteten die Fahrer auf weitere Hilfe.↗

Eine Straße in Izmir, in der Abschleppunternehmen zu Hause waren. Der Büssing 6000 (rechts) war noch in Betrieb, der gelbe GMC CCKW 353 (links) stand zum Verkauf (siehe Schild im Wagen: »satiliktir). Dieser ehemalige Lkw der US Army hatte schon mindestens 40 Jahre auf dem Buckel.→

Bei dem hier fotografierten Lastwagen handelt es sich um einen Büssing 6000 in Afyon.

OTO KURTARICISI
SATILIKTIR
35 LY 436
KARTAL
KARTAL

Lastwagen von Leyland und International wurden in der Türkei zusammengebaut, und zwar dieselben Modelle, die aus Großbritannien oder den USA bekannt waren. Bei dem Leyland-Lkw handelte es sich um ein zwei- oder dreiachsiges Modell »Super Comet« und bei dem International um das Modell »Loadstar 1800/1830«. Allerdings baute International auch eigene Kabinen, wie auf den Fotos zu sehen ist. Die beiliegenden Katalogblätter von TOE können diese Tatsache belegen. Es gab sogar eine eigene »Werkzeitschrift« namens »MOTORLU ARACLAR TICARET«.
Ansonsten produzierte die Chrysler-Mutter die etwas kantigen Lkw unter den Namen »Dodge/Fargo/De Soto«. Diese sind heute noch im Straßenbild zu sehen.

Im Bild ein Leyland Super Comet. Die Türkei baute im eigenen Land nur alte BMC-Lastwagen zusammen, Ford besaß für die N-Serie eine Produktionsstätte, und Leyland stellte auch Lkw her. Aber unter der Regie von Chrysler baute Dodge/Fargo/De Soto eine kantige Modellreihe vom kleinen Pick-up bis zum Zehntonner-Dreiachser. Sie alle wurden fast immer in der Farbe Rot ausgeliefert.

Wie schon das vorherige Bild zeigt auch dieses einen Leyland Super Comet, diesmal einen in der Nähe von Dinizli. Von Abgasvorschriften hielt man damals noch nicht allzu viel.

Besonders die Modelle von International unterschieden sich in der Türkei von denen in den USA. Diesen Autotransporter bei Bursa hatte ich zuerst als Eigenbau eingeschätzt, bis ich dann Näheres über diesen Hersteller in den Außenbezirken von Istanbul in Erfahrung bringen konnte.

Wenn das Zeichen IH für »International« nicht auf der Front stehen würde, müsste man unter Umständen rätseln, um welche Marke es sich bei diesem Lastwagen handelt.

Wie weit verbreitet International-Fahrzeuge waren, lässt sich daran erkennen, dass der Hersteller sogar eine eigene Werkzeitschrift herausbrachte.

Die Dreiachser in der Türkei waren für mich immer ein begeisternder Anblick. Waren sie doch immer so hoch (und auch schwer) beladen, dass ich eigentlich immer irgendeinen unmittelbar bevorstehenden Zwischenfall erwartete. Dieser International Loadster 1800 gehörte auch dazu.→

Dieser schwere Leyland war vermutlich aus seinem Heimatland Großbritannien importiert.↘

Schon bei meiner ersten Türkeireise im Jahr 1976 war mir dieser Tankwagen aufgefallen, leider konnte ich ihn damals nicht fotografieren. 1980 bin ich noch einmal in diese Region gefahren, und obwohl ich innerlich dieses Modell schon abgeschrieben hatte, fuhr mir dieser Tankwagen tatsächlich noch einmal entgegen. Diesmal war mir das Foto sicher.↘↘

Ging man zu den Verkaufsstellen in den Städten – damals handelte es sich bei ihnen noch um kleine Händler, die Ersatzteile von allen möglichen Firmen verkauften –, so überreichten einem diese auf Anfrage stolz Katalogblätter mit Produktbeschreibungen in türkischer Sprache.

Dreiachser

INTERNATIONAL
34 ZD895

01 LC 161
ARACI

TEHLIKELI
MADDE
DOLU
41 AK 990

Mit Sicherheit ist auch dieser Laster ein Eigenbau. Denn einen Mercedes 322 hat es als Dreiachser nie gegeben.

Es gibt Momente, in denen Ihnen ein solch dicker Magirus entgegenkommt und Sie keine Chance haben, von ihm ein Foto zu schießen. Entweder kann man nicht rechtzeitig anhalten oder wegen der Leitplanke nicht wenden oder es kommt sonst irgendetwas dazwischen. Aber manchmal im Leben bekommt man eine zweite Chance und dann muss es klappen, so wie hier.

Ein OM Titano war selbst in der Türkei selten zu sehen, obwohl auch Italien seine Lastwagen hierher exportierte.

Kurz vor der Fähre in Istanbul von Europa nach Asien bekam dieser MAN einen Reifenschaden. Leider war dieser F 8 nicht komplett bereift, ein Umstand, der selbst dann, als es bereits dunkel wurde, noch nicht behoben war.

Auf einer Höhenstraße in der Zentraltürkei bin ich diesem Krupp begegnet. Diese Straße befindet sich in etwa 800 Metern Höhe und verläuft kerzengerade inmitten einer tollen Landschaft. Krupp-Lastwagen konnte ich in der Türkei oft sehen, und fast alle waren rot lackiert.

Ein umgebauter Krupp-Lastwagen in Diensten eines Abschleppunternehmens. Die Aufschrift »Masallah« bedeutet auf Deutsch »mit Gott«, kann aber auch heißen »toi, toi, toi« – bei den Überladungskünsten in diesem Land vielleicht nicht ganz unangebracht! Im Hintergrund zu sehen ein alter DAF. ←

Noch ein Krupp auf der Höhenstraße zwischen Konya und Kayseri.

Auf einem Platz in Konya wartete eine ganze Armada von Lastwagen auf ihre Ladung aus einem nahegelegenen Zementwerk. Auch dieser, vermutlich nachgerüstete, MAN stand in der Reihe.

Henschel HS 160 waren ein gewohnter Anblick in der Türkei. Henschel muss in den 1960er Jahren hohe Stückzahlen seiner Lkw in dieses Land geliefert haben. Die türkischen Kunden, die lange etwas von ihren Fahrzeugen haben wollten, hatten mit dieser Wahl eine weise Entscheidung getroffen.←

Noch zwei Henschel HS 160 mit ihren imposanten, »niemals endenden« Motorhauben.↗→

Henschel
Diesel
41 AS 432

TEHLiKELi
MADDE
HENSCHEL
Henschel
Diesel
TEHLiKELi
MADDE
45 FV 818

Man muss schon etwas länger suchen, wenn man einen FWD zu Gesicht bekommen möchte. Aber mein geübtes Auge erspähte dann doch noch diese beiden Abschlepper, als wir an ihnen vorbeifuhren. Einer davon trug ein seltsames Emblem, da musste ich dann doch unbedingt genauer hinschauen.

»Good old trucks never die«. Dieser betagte Scania-Vabis stand in einer Warteschlange, um mit Stroh beladen zu werden.

Ein scheinbar verlassener MAN 745 machte eine Pause abseits der Benzin-Abfüllstation.

Um die Maschine dieses Volvo 495 mit mehr Frischluft zu versorgen, hat der Fahrer die Motorhaube in leicht geöffneter Stellung arretiert.

Die Aufschrift »Tekel« bedeutet auf Deutsch »Monopol«. Wahrscheinlich transportierte dieser Kaelble, der beinahe im Schritttempo den Berg hinter Bursa hinauffuhr, Tabak. Tekel hatte noch mehrere dieser Lkw im Fuhrpark.

Kommunale Fahrzeuge

Die kommunalen Fahrzeuge waren mit schwarzen Nummernschilden ausgestattet und zeichneten sich teilweise durch sehr schweres Gerät aus. An den Wochenenden standen die Lastwagen in umzäunten Geländen. Doch leider verwehrten mir die ansonsten den Deutschen sehr wohlgesonnenen Türken hier mittels Wachpersonal den Zugang zum Fotografieren. Deshalb musste ich meine Fotos bei anderen Gelegenheiten schießen.
Fahrzeuge von Tekel (Monopol) transportierten in den mitgeführten Ballen vornehmlich Tabak.

Ein ganz gewöhnlicher Lastwagen wie dieser Autocar gehörte ebenfalls zum Bestand des kommunalen Fahrzeugparks.→

Ein Autocar-Tiefladesattelschlepper mit der Aufschrift »DIKKAT! GENIS VE UZUN ARAC« – »Vorsicht! Breites und schweres Fahrzeug« an der Stoßstange.↘

Manchmal konnte man sich des Eindruckes nicht erwehren, als ob die Türken in Bezug auf Lastwagen-Marken für den kommunalen Bereich alles nahmen, was sie bekommen konnten, in diesem Fall einen schweren Brockway 768.

KOMATSU
AUTOCAR
VE UZUN ARAÇ
35 KE 904

Ein mit Tabak hochbeladener Kaelble auf einer Hauptstraße von Izmir.

Erneut ein gut erhaltener Lastwagen von Tekel. Da sie eine staatliche Firma war, legte sie vermutlich großen Wert auf die Pflege der Fahrzeuge.

Noch einmal ein beladener Brockway. Offenbar war diese Marke bei den türkischen Behörden sehr beliebt.

Neben dem schon bekannten Schriftzug an der Stoßstange fällt an diesem Autocar das »Hupen-Ensemble« auf seinem Dach auf. Beachten Sie auch bitte die Berge im Hintergrund. Gerne wird vergessen, dass man sich hier im anatolischen Hinterland befindet, und dies in immerhin 800 Metern Höhe.

Nachlaufachsen

Wer sich etwas länger in der Türkei aufhielt, dem musste irgendwann auffallen, dass die Lastwagen, die einem entgegenfuhren, irgendwie größer erschienen, als sie eigentlich waren. Beim genauen Hinschauen wurde dann deutlich, dass verhältnismäßig kleine Lastwagen alle mit einer zusätzlichen Nachlaufachse ausgerüstet waren. Durch diese Maßnahme erhöhten sich natürlich die Nutzlasten und die Ladungen wurden schwerer und höher. Die Lkw täuschten auf diese Weise eine Größe vor, die sie eigentlich gar nicht hatten. Die Bilder auf den folgenden Seiten zeigen, welche Auswüchse das teilweise annahm ...
Einen Borgward beispielsweise hatte es ursprünglich einmal sicherlich nicht als Dreiachser gegeben, den Ford aus Köln ebenfalls nicht, und bei dem alten Austin K3 aus Großbritannien habe ich auch meine Zweifel.
Zwar ist es durchaus möglich, dass einige Hersteller die Nachlaufachse serienmäßig im Programm hatten. Zu diesen gehörte sicherlich Fiat, wahrscheinlich auch Ford N-series, der zudem in der Türkei hergestellt wurde. Weil dieses Phänomen mit den Nachlaufachsen so auffallend war, habe ich sie dennoch alle in dieses Kapitel gestellt.
Die Firma ÖZGÜVEN hatte sich darauf spezialisiert, den zusätzlichen Rahmen mit der Achse zu produzieren, der dann quasi an jedes vorhandene Chassis angebaut werden konnte. »GÜCLÜ DINGIL« heißt auf Deutsch soviel wie »kraftvolle/starke Achse«.

Wer genau hinschaut, kann erkennen, dass viele Lastwagen künstlich verlängert wurden. Das Geheimnis bestand in einem Stück Rahmen und einer zusätzlichen Nachlaufachse. So auch bei diesem Ford Thames Trader, der ursprünglich in Großbritannien gebaut wurde.

Dieser MAN zeigt eine der gelungensten Verlängerungen, die ich auf meinen Türkei-Reisen entdecken konnte. Die Trilex-Felgen vollendeten noch den tollen Gesamteindruck.

Diese Lastwagen-Generation wurde von MAN selbst in der Türkei gebaut. Verkauft wurden sie unter dem Namen MAN-MANAS. Sie gehörten zu den Fahrzeugen, die ich öfter auf den Straßen gesehen habe. Deutsche Fabrikate genossen überhaupt ein hohes Ansehen in diesem Land.

Japanische Fahrzeug-Marken fanden – anders als es heute der Fall sein mag – damals nur selten den Weg in den Orient. Dieser Nissan in der Nähe von Aydin gehörte zu den Ausnahmen; er war eine seltene Erscheinung.

Im Gegensatz zu dem zuvor gezeigten MAN mit der gelungenen Verlängerung handelt es sich bei dem hier abgebildeten Lastwagen schon um das neuere Modell. Dieser MAN 520 HN stand nur wenige Meter vom oben beschriebenen Fahrzeug entfernt und präsentierte sich in einem hervorragenden Zustand, was aber auch daran lag, dass dieses Modell seinerzeit fast neu war.

Bei der Einreise in die Türkei fielen mir damals ziemlich schnell die eckigen Austin/Morris TM 140 auf. Diese wurden in der Türkei hergestellt. In Großbritannien waren diese Austin deshalb nie zu sehen. Auch auf diesem Foto können Sie sehr gut erkennen, dass eine Nachlaufachse hinzugefügt wurde, wenn Sie den hinteren Teil des Lasters mit dem Finger abdecken. Übrig bleibt dann ein wohlproportionierter, zweiachsiger Lkw.

Etwas später verwendeten die Türken die in Großbritannien auslaufenden Kabinen. Diese sahen schon sehr europäisch aus und erinnerten daher mehr an die englischen Lkw als an die türkischen Eigenbauten.

Schon von weitem konnte ich am sonoren Motorengeräusch erkennen, dass da ein »dicker Brummer« auf mich zufuhr. Die Büssing-Lkw klangen einfach noch urig und original. Der Klangeindruck, den ihre Beschleunigung hervorrief, ließ vermuten, dass ihre Motoren noch nicht durch neue, modernere ersetzt worden waren.

Ein weiterer in der Türkei sehr selten anzutreffender japanischer Lastwagen war dieser ISUZU. Ihn bekam ich in der Nähe der Kreisstadt Denizli vor die Linse.

Den meisten Laien ist völlig unbekannt, dass Alfa Romeo auch Lkw gebaut hat. Desto mehr freute ich mich als Lastwagen-Enthusiast, dass diese Marke ebenfalls Einzug in die Türkei gehalten hatte. Zumal sie selbst in Italien nicht mehr sehr oft zu sehen war.

Dieser Getränkewagen zeigt deutlich, welche Lasten die Lkw zu tragen hatten. Alle Getränkeflaschen waren gefüllt und in schwere Holzkisten verpackt. Der Commer fuhr auf einer Einfallstraße von Bursa, wo er herkam, in Richtung Istanbul.

Ebenfalls sehr ungewöhnlich war dieser Steyr 580. Auch er war mit einer Nachlaufachse ausgerüstet, wodurch seine Nutzlast deutlich erhöht werden konnte. Weil aber im täglichen Straßenverkehr Überladungen auch bei Lastwagen ohne Nachlaufachsen gang und gebe waren, konnte dies nicht der eigentliche Grund für ihre Verwendung sein. Stattdessen lag ihr eigentlicher Vorteil darin, dass man einfach für alles mehr Platz zur Verfügung hatte!

Auch dieser mit alten Baumaterialien beladene Commer hatte die modernere, englisch geprägte Frontlenkerkabine. Allein der Lenkradvergleich zum vorherigen Bild lässt erahnen, welche Erleichterungen die neuen Fahrzeuge mit sich brachten.

Fiat-Lastwagen habe ich in der Türkei ebenfalls nicht so häufig gesehen, obwohl sie in vielen Bereichen ihre Zuverlässigkeit unter Beweis gestellt hatten. Dieser Fiat 650 E könnte sogar serienmäßig mit einer dritten Achse ausgeliefert worden sein, weil den Italienern diese Bauweise definitiv nicht fremd war.

Ein seltenes Exemplar war dieser Ford Köln, ein Lastwagen der Ford-Werke in Deutschland. Auch hier hat man sich mit dem zulässigen Gesamtgewicht nicht abgefunden und einfach das Chassis verlängert. Da es in der Türkei kaum regnet, genügte außerdem ein Scheibenwischer.

VOLTAJ
TEHLİKELİ
VOLTAJ AKÜLERİ
Petrol Ofisi
38 AK950

16 DK859

Ein Mercedes-Benz 6600 – oft »Sechs-Sechser« genannt – in einer Werkstatt von Konya. Anfangs waren die Haubenseitenteile noch abgedeckt, sodass von dem Erscheinungsbild des kräftigen Fahrzeugs viel verloren ging. Wie vermutet, war das Fahrzeug, als ich vier Stunden später noch einmal vorbeischaute, augenscheinlich repariert worden.←

Ein erfreulicher Anblick für mich war der selten geglaubte Mercedes L 325, der dann aber doch öfters zu sehen war. Aufgrund der niedrigen Treibstoffkosten war ein Fahrzeug mit diesen großen Tanks für eine längere Strecke relativ autark.↙

Wer spricht hier von Überladung oder Ladungssicherung? Nicht so wichtig, obwohl krasse Ausweichmanöver durchaus zum Verkehrsalltag gehörten.→

Im Hafen von Ancona, in den mich eine Fähre von Izmir aus gebracht hatte, standen diese beiden deutschen Lastwagen-Marken einträchtig nebeneinander: ein Mercedes 1621 und ein MAN 745.↓

JORDANIEN

Nach der Türkei stand für mich als Nahost-Fan selbstverständlich Jordanien auf dem Plan. Ich hatte viel über das Land und das tägliche Leben dort aus den Medien erfahren. Fährt man morgens in der Stadt Amman an die Hauptstraßen, weiß man schon, was einen erwartet. Dieser verhältnismäßig unverbastelte Henschel HS 140 war einer der ersten Kandidaten, den ich dort vor die Linse bekam.

Schon seit langem wusste ich, dass Jordanien das reinste Lastwagen-Museum sein musste. Gewissheit bekam ich durch die Berichte eines Freundes. Dieser hielt sich einmal in Jordanien auf, weil er dort an einer Rallye teilnahm, die auch durch dieses Land am Roten Meer führte.
Im Sommer 1997 bin ich dann selber nach Jordanien gereist. Ich fühlte mich dort vollkommen sicher. Mit einem Leihwagen habe ich dann das Land erkundet. Die Bevölkerung war – typisch arabisch – gastfreundlich und dabei nie aufdringlich.
König Hussein hatte einst verfügt, dass jeder Jordanier Englisch lernen sollte, denn er wusste, dass man mit Arabisch allein nicht durch die Welt kam. Aus diesem Grund war die Verständigung vor Ort kein Problem.
Als ich die Innenstadt von Amman verlassen und auf den gut ausgebauten Straßen die Stadtgrenzen hinter mir gelassen hatte, bestätigte sich, was ich nach ersten Eindrücken bereits vermutet hatte: Es gab in diesem Land jede Menge alter Lastwagen! Darunter auffallend viele alte Mercedes-Benz L325 und L329. Als ich dem ersten begegnet bin, wollte ich noch wenden, den Lkw überholen und fotografieren. Doch schon bald war klar: Es gab so viele Lastwagen hier, dass ich mich nicht sorgen musste, wenn ich mal einen verpasste.
Mittlerweile hatte sich erwiesen, dass Jordanien ein wahres Mercedes-Land war. Als ich nämlich meinen Leihwagen tauschte, kam ich mit dem Autovermieter ins Gespräch. Er sagte mir, dass der Marktanteil von Mercedes-Benz in Jordanien bei ungefähr 92 Prozent liege!
Aus den 1950er und 1960er Jahren waren jedoch auch noch ein paar Lastwagen von MAN, Henschel, Kaelble und Krupp übrig geblieben.

Außerhalb der Städte habe ich zahlreiche Wassertanks gesehen, an denen Lkw mit Wasser aufgefüllt wurden. Diesem DONG-A aus koreanischer Produktion bin ich in Jordanien zum ersten Mal begegnet.

Die Frischwassertanks sind auf diesem Bild sehr gut zu sehen. Die alten Mercedes 3500 darunter wurden gerade mit Wasser gefüllt. Anschließend fuhren diese in ländliche Gebiete, um z. B. Bauern auf den Feldern ihre benötigte Wasserration zu liefern.

Dieses Bild zeigt eine typische jordanische Tankstelle mitsamt ihren exotisch wirkenden arabischen Schriftzeichen. Alte Mercedes-Limousinen wie hier waren in Jordanien an der Tagesordnung und daher überhaupt nichts Besonderes.

Irgendwann führte mich die Neugier an den tiefsten Punkt der Erde: Das Tote Meer liegt etwa 350 Meter unter dem Meeresspiegel. Auf dem Weg zur Grenze nach Israel kam ich automatisch an die Allenby-Bridge; in Friedenszeiten diente sie als Grenzübergang über den Jordan. Fuhren dann alte Lastwagen die Schluchten hoch, so mussten sie sich dabei elendig quälen. Meistens aber schafften sie es.

Eine charakteristische Eigenart der jordanischen Lastwagen war eine Art schmiedeeisernes Gitter, das fast alle Fahrzeuge vor dem Kühlergrill installiert hatten. Aufgrund von schweren Verletzungen, die Fußgänger bei Unfällen durch dieses erlitten hatten, hat sich die jordanische Regierung dazu entschlossen, diese »Zäune« in Zukunft zu verbieten.

Dieses Foto birgt eine nette Geschichte in sich. Ein ungefähr 40 Jahre alter Mercedes-Benz-Sattelschlepper quälte sich eine Straße hinauf, deren Anfang unterhalb des Meeresspiegels lag. Weil die Haubenbleche entfernt waren, benötigte dieses Fahrzeug offensichtlich Kühlung ohne Ende. Im Schneckentempo (1. Gang) unterwegs, hielt dieser Laster schließlich in einer Parkbucht an, und der Fahrer schüttete anschließend den Inhalt lediglich EINER einzigen Sprudelflasche in den Kühler!

Für den Fall, dass mal eine Reifenpanne auftrat, standen genügend »Reifenhändler« an den Straßenrändern bereit. Da es in Jordanien kein Tempo-Limit für Lkw gab und deshalb manche Lastwagen bis zu 120 km/h fuhren, war damit zu rechnen, dass (wegen Überhitzung?) viele Reifen irgendwann platzten. Für den Fahrer war dann nur wichtig, einen Ersatzreifen ergattern zu können, der von außen unbeschädigt aussah und keine augenfälligen Gummischäden aufwies; sein Profil war ihm egal.

Die jordanischen Trucker schauten zwar im ersten Moment, als Sie mich sahen, düster drein, weil sich damals nicht allzu viele Lastwagen-Begeisterte im Land herumtrieben, aber kurz danach veränderte sich ihr Gesichtsausdruck in ein herzliches Grinsen, untermalt durch ein nicht zu überhörendes Hupkonzert.

Selbstverständlich waren die alten Mercedes-Benz-Lastwagen nicht frei von technischen Zwischenfällen. Dabei schien es sich aber in erster Linie um Kühlungsprobleme gehandelt zu haben. Ich hatte nie den Eindruck, dass die Motoren geschwächelt hätten. Repariert wurden sie dann an Ort und Stelle.

Ein Lkw-Fahrer rammte mit seinem Auflieger ein parkendes Fahrzeug (Volleisen). Durch einfaches Rücksetzen hätte er den alten Zustand wieder herstellen können, ohne dass ein Schaden zurückgeblieben wäre. Doch das erschien dem Fahrer im weißen Kaftan zu schwer; stattdessen beauftragte er den Fahrer daneben damit, diese Lage zu bereinigen. ↑

In Jordanien, in dem relativ geordnete Verhältnisse herrschen, gab es eigentlich keine Ersatzteilprobleme. Doch wenn die Lastwagen schließlich zu alt wurden (wobei sie selbst dann zum Teil immer noch keinen Rost aufwiesen), dann waren auch Jordanier gezwungen zu improvisieren. Auf diesem Bild lässt sich aber dennoch erkennen, dass es sich hier um einen Henschel HS 140 handelt.

Hier ist mir ein wirklicher Schnappschuss gelungen: Auf einem breiten Parkstreifen, kurz vor dem Golf von Akaba, hält ein Lkw-Fahrer inne, breitet seinen Gebetsteppich aus und betet zu Allah gen Mekka.

Trotz Handelsembargo florierte der Warenaustausch zwischen dem Irak und Jordanien mehr als hervorragend. Öl wurde gegen Lebensmittel getauscht. Die blauen Nummernschilder verraten, dass dieses Fahrzeug aus dem Kraq kam. Selbst ein fehlendes Rad am Auflieger hält diesen Lkw nicht vom Fahren ab.

Ich war immer davon ausgegangen, dass die Lastwagenmodelle Mercedes-Benz 325 und 6600 in erster Linie in Syrien und Jordanien zu finden waren. Doch auch der Irak vertraute offensichtlich den alten Benz-Modellen. Allzu oft habe ich sie allerdings nicht gesehen.

GOLF VON AKABA

Wer sich dem Golf von Akaba näherte, musste vorher eine Art Pforte passieren und konnte dann einen Blick auf die Seehafenstadt Akaba werfen. Hier befand sich einer der wohl größten Lkw-Parkplätze, den ich je gesehen habe. Mindestens 2500 Lastwagen standen dort und warteten, wobei diese Zahl wohl eher noch untertrieben ist. Als ich mich auf diesen Parkplatz begab und mich um 360° um die eigene Achse drehte, sah ich nur kommerzielle Fahrzeuge, darunter viele, die aus dem Irak stammten.

Zur damaligen Zeit bestand eigentlich ein Erdöl-Embargo der UN gegen den Irak, um dem damaligen irakischen Staatspräsidenten Saddam Hussein seine Geldquellen zu verschließen. Doch von einem Embargo war hier nichts zu bemerken. Stattdessen sah ich quasi eine »rollende Pipeline« von Tanklastwagen; alles, was sich nur halbwegs zum Öltransport eignete, wurde entsprechend umgebaut. Auf riesigen Parkplätzen standen diese Fahrzeuge bereit und warteten auf neue Ladung. Die Jordanier lieferten im Gegenzug für das Öl Lebensmittel an den Irak. Aus Saudi-Arabien wollten die Jordanier kein Erdöl beziehen, weil die Saudis ihnen zu arrogant waren. Lieber beschritten sie den illegalen Weg des Ölimports aus dem Irak, und dies vermutlich an 365 Tagen im Jahr.

Besuchte man einen solchen Parkplatz, so schien es aus der Ferne, als besäße er einen festen Untergrund aus schwarzem Asphalt. Kam man jedoch näher, so entpuppte sich der Asphalt als eine riesige Erdölpfütze, die bereits mehr oder weniger im Erdreich versickert war. Die Fahrer spülten ihre offenen Tanks mit Wasser durch und ließen alles einfach ins Erdreich fließen. Manche entsorgten auch gleich unverdünnt ihre Ölreste im Boden, entsprechend sah dieser dann auch aus. Umweltschutz war gänzlich unbekannt, niemand kümmerte sich darum.

Viele Fahrer warteten am Golf von Akaba auf Ladung. Bei Temperaturen von ca. 45° C im Schatten suchten alle händeringend ein schattiges Plätzchen. Viele fanden ein solches unter dem eigenen Lastwagen.

Es war nicht schwer, in Jordanien auf den Mercedes-Benz L 325 zu stoßen, denn diese Modelle waren im Straßenbild allgegenwärtig, was bei einem 92-prozentigen Anteil von Mercedes-Benz-Lkw im Straßenverkehr wahrlich nicht verwundert. ←

Ich musste bei diesem Lastwagen schon genau hinschauen, um nicht der falschen Annahme zu erliegen, ich hätte schon mehrfach dasselbe Fahrzeug fotografiert.

Der Parkplatz am Golf von Akaba ist ein Refugium ungeahnten Ausmaßes. Ich schätze, dass auf ihm ca. 2500 bis 3000 Lastwagen geparkt waren. Der feine Sand hier erinnerte mich an Mehl. Standortwechsel unternahmen die Fahrer im Schneckentempo, weil sonst die Sonne durch den aufgewirbelten massiven Staub verdeckt worden wäre und der Himmel sich für kurze Zeit verdunkelt hätte.

Mercedes forever. Die in Stahlgestänge integrierten Mercedes-Benz-Sterne zeugen von der Wertschätzung der Untertürkheimer Marke in Jordanien. ←

Generell wird erst einmal zum Überholen angesetzt, irgendwie wird sich das schon regeln! Und keiner ist böse, wenn sich jemand irgendwo dazwischen quetscht; der Gegenverkehr nimmt Rücksicht. In zehn Tagen hatte ich nicht einen einzigen Unfall gesehen. ↗

Dank der vorteilhaften geografischen Lage Jordaniens – das Land grenzt an Syrien, den Libanon, Israel, Ägypten, Irak und Saudi-Arabien – habe ich auch eine Unzahl von Fahrzeugen aus diesen Nachbarländern zu sehen bekommen. Dieser gut erhaltene Volvo N88 kam aus Saudi-Arabien. →

Reifenpanne? Kein Problem. Ich war immer wieder überrascht, mit welch einfachen Mitteln Probleme gelöst werden konnten.

Folgt man dem Lkw-Tross Richtung Irak, dann kommt man nach Zaraq. Hier befindet sich einer der letzten größeren Marktplätze vor der Grenze, auf dem so ziemlich alles zu bekommen ist, was man braucht.↖

Freitag ist Sonntag, und das heißt: Waschtag am Roten Meer. Die zu reinigenden Fahrzeuge wurden direkt über das seichte Ufer in den See gefahren. Das Süßwasser des Nebenflusses diente der Wagenwäsche. Gleichzeitig wurde am Ufer gegrillt. Umweltbedenken? Fehlanzeige!←

Zuerst sah er aus wie ein großer Schrottplatz, weil Alt und Neu nahtlos ineinander übergingen. Bei näherem Hinsehen bemerkte ich aber sehr schnell, dass dies ein Sammel-Warteplatz für Lkw sein musste. Solch eine Ansammlung von Fahrzeugen habe ich vorher noch nirgendwo auf der Welt gesehen.↓

Schaute man genauer hin, dann waren sogar Strukturen zu erkennen: Unbefestigte Straßen und Wege führten durch das scheinbar unorganisierte Labyrinth. An zahlreichen Eckpunkten befanden sich »Wärterhäuschen«, die von Aufsehern regelrecht bewohnt wurden, welche für die Zuordnung von Parkplätzen verantwortlich waren.

Dieses Bild beweist es erneut: Die arabische Übersetzung für Lastwagen könnte eigentlich »Mercedes-Benz« heißen; einer reiht sich hier neben den anderen. Die Marke erfreut sich in Jordanien allergrößter Beliebtheit.

Als ich an der Hafenanlage von Akaba entlangfuhr, entfernte ich mich von dem eben beschriebenen Pulk. Anschließend setzte ich meine Fahrt ein Stück weit durch karges Wüstenland fort. Doch dann stieß ich erneut auf eine große Fläche, auf der sich ausschließlich Tankwagen befanden. Wieder war ich über die Ausmaße derselben verblüfft. An diesem Ort und in diesen Fahrzeugen war das Öl gelagert, welches nach europäischen Vorstellungen normalerweise in großen, weißen Erdöl-Vorratsbehältern gesammelt wird.

Wieder konnte der äußere Schein einen hier in die Irre führen und den Eindruck erwecken, als ob die bereits gut ausgebauten Straßen noch einmal zusätzlich geteert worden wären. Denn der Asphalt glitzerte regelrecht in der Sonne. Beim Näherkommen musste ich jedoch ein weiteres Mal feststellen, dass ich einem Irrtum aufgesessen war. Denn auch bei diesem »Asphalt« handelte es sich in Wirklichkeit um nichts weiter als um Pfützen aus Erdöl. Die schwarze Flüssigkeit ergoss sich über den verdichteten Lehmboden und blieb somit für jedermann sichtbar.

Auf diesem Foto ist sehr gut zu erkennen, wie sich dieser Umweltfrevel an den tiefer gelegenen Bodenstellen besonders stark bemerkbar machte.

Selbst die höher liegenden Parkplätze waren noch von Erdöl durchtränkt. Dennoch nutzten die Fahrer hier ihre Wartezeiten zum Austausch von Straßeninformationen oder kleinen Reparaturarbeiten.

Bei solch einem Lastwagenaufkommen witterten die Reifenhändler ihr Geschäft. Zahlreiche solcher Betriebe konnte man auf dem Areal finden. Der Begriff »Neureifen« hat hier allerdings eine etwas andere Bedeutung. Aufgrund des Mangels an Reifen und der finanziellen Situation der irakischen Fahrer machten diese Betriebe trotzdem ein lukratives Geschäft.

Die blauen Nummernschilder – sie waren ausschließlich in Arabisch gehalten – zeugten von der Herkunft aus dem Irak. Dieser Fahrer zeigte besonders stolz, was er transportierte, nämlich: IRAQI PETROL.

Selbst ohne Übersetzung würde man wohl dieses Schild auf der ganzen Welt wiedererkennen. Jetzt wissen Sie endlich, wie »Stop« auf Arabisch geschrieben wird.

In einem Tankwagen lassen sich nun einmal selbst im Irak keine Lebensmittel transportieren. Deshalb fuhr dieser Konvoi leer in den Irak zurück. Eine letzte Möglichkeit, sich mit Proviant und anderen Dingen zu versorgen, die im eigenen Land Mangelware sind, war in Zareq möglich. Anschließend führte die Reise durch einen langen Wüstenabschnitt in Richtung Bagdad.

Als ich bei meiner Fahrt in den Norden Jordaniens die ersten Fiat- und Büssing-Lkw gesehen hatte, war mir klar, dass auch Syrien mir reichhaltig alte Lastwagen zum Fotografieren bieten würde. Doch schon sechs Jahre später waren die meisten dieser alten Lkw Vergangenheit. Rund 90 % waren mittlerweile ersetzt durch »moderne« Aldi-, Lidl- oder andere Supermarktzusteller. Jetzt musste ich mich wirklich auf längere Wartezeiten einstellen oder den seltenen Lastern hinterherfahren, um noch einen von ihnen vor die Linse zu bekommen.

Aus Neugier fuhr ich eines Tages während meines Jordanienaufenthalts in Richtung Norden, der Grenze zu Syrien entgegen. Anders als im Süden Jordaniens begegneten mir hier zwangsläufig viele Lastwagen, die aus Syrien kamen.

Als mir diese beiden Fiat-Lkw kurz hintereinander im Norden Jordaniens entgegenfuhren, war ich mir sicher, dass auch Syrien ein tolles Land zum Fotografieren von alten, seltenen Lastwagen sein müsste.

SYRIEN

Viele wissen nicht, dass Hyundai auch schwere Lkw herstellt. Südkorea hat sicherlich einen Weg gefunden, dass seine relativ neuen Fahrzeuge, vermutlich gegen Kompensation, auf Syriens Straßen zu finden sind. Man beachte bitte wieder den »selbstgebastelten« Anhänger mit 4 Achsen.

Durch die Beobachtungen im Norden Jordaniens war meine Neugier auf Syrien geweckt. Nachdem ich dann auch noch einen Bericht in einem Lkw-Magazin über dieses Land gelesen hatte, da wusste ich, dass ich so schnell wie möglich dorthin reisen würde. Im Sommer des Jahres 2010 war es dann soweit.

Wegen der autoritären Regierung in Syrien hatte ich anfangs Bedenken bezüglich der Reisefreiheit. Allerdings war dies nicht mein erster Besuch; bereits 1986 war ich, damals über die Türkei, mit meinem eigenen Fahrzeug in Syrien eingereist. Wie sooft erwies sich auch hier – zumindest für den Touristen – alles als halb so schlimm. Syrien war ein sehr schönes Land, dessen Menschen mir mit großer Gastfreundschaft begegneten. Und besonders erfreulich – es erwies sich als ein Eldorado für einen Lkw-Freak wie mich.

Doch dieses wirtschaftlich arme Land war, was die Lastwagen-Kultur betraf, anders als Jordanien oder der Iran. Während ich den Eindruck gewonnen hatte, dass in Jordanien meist passende Original-Ersatzteile irgendwie beschafft und verwendet wurden, haben die Syrer weitaus mehr ge- bzw. verbastelt. Lackierarbeiten wurden darüber hinaus oft nicht sofort ausgeführt, weil es offensichtlich an Rohstoffen fehlte.

Wie sehr in Syrien das Improvisationstalent ausgereift war, konnte ich an den verschiedenen Achskonstruktionen der Anhänger sehen; manche wurden mit vier Achsen versehen, die aber nicht immer mit Reifen der gleichen Größe bestückt wurden!

Was mir besonders auffiel, waren die vielen alten Büssing, die fast alle rot lackiert waren. Die häufigsten Lkw-Marken waren Volvo, Scania, Mercedes-Benz, aber auch Berliet. Beim genaueren Hinsehen konnte ich jedoch auch noch alte Hanomag, Opel Blitz und MAN entdecken.

Wenn ich mich den Lkw-Stellplätzen näherte, um die Laster zu fotografieren, kamen mir die Fahrer bereits entgegengelaufen und sprachen mich an mit: »Berliet« oder »Büssing«. Damit wollten Sie mir wohl zu erkennen geben, dass sie wussten, wo diese Marken standen. Irgendwoher mussten sie erfahren haben, dass diese beiden Hersteller ganz besonders im Fokus von Lkw-Liebhabern wie mir standen.

Obwohl Syrien Russland politisch nahe steht, waren relativ wenige russische Lastwagen im Straßenbild zu sehen, dafür aber um so mehr koreanische oder chinesische. Recht selten habe ich einen alten Mack NR oder einen umgebauten Diamond Reo gesehen. Was aber immer wieder phantastisch aussah, das waren abends die beleuchteten Lkw. Bunt und vielfältig mussten sie erscheinen und nach Möglichkeit nach unten abstrahlende grüne Lichter besitzen, denn Grün ist die Farbe des Islam. Diese herrlich bunt beleuchteten Laster am Abend faszinierten mich. Lustig anzuschauen war darüber hinaus der Transport von Moniereisen.

Ein halbes Jahr vor Beginn des Bürgerkrieges in Syrien hatte ich den Wunsch, dieses schöne Land zu besuchen. In Latakia fand ich eine angenehme Unterkunft, von der aus ich meine täglichen Touren in das Landesinnere unternahm.

Dies ist eine örtliche Tankstelle. Auch hier fand sich von irgendwelchen Umweltschutzvorkehrungen keine Spur. Sprit kostete ca. 50 Cent und machte somit die Ausflüge zu einem preiswerten Vergnügen. ←

Ähnlich wie in Jordanien sind auch in Syrien Reifenhändler gut im Geschäft. In Jordanien hatte die finanzielle Lage der irakischen Fernfahrer maßgeblichen Anteil am gut gehenden Handel, hier in Syrien war es eher der Mangel an Materialien aller Art. Die Politik von Assad machte sich überall bemerkbar. ↙

Im morgendlichen Berufsverkehr von Latakia fuhr dieser Pick-up zum örtlichen Markt, um das zu verkaufen, was gerade zu bekommen bzw. ins Land importiert worden war. ↓

Der Arbeitstag auf den Feldern endete normalerweise am frühen Nachmittag. Die Erntearbeiter fuhren gemeinsam mit ihrer Ernte zurück nach Aleppo. Zu der Zeit schien die Welt noch in Ordnung zu sein.

Eine Besonderheit war der Transport von langen Eisenstangen. Die Überlänge wurde auf einem »Nachläufer« fixiert. Durch die Starrheit des Materials musste der Nachläufer in den Kurven zwangsläufig dem Zugfahrzeug folgen. Fehlte einer Firma ein Nachläufer, wurde das Metall funkensprühend einfach auf der Straße hinterher gezogen.

Wie man sieht, kann man auch ein kleines Dreirad überladen. Eine Reparatur am Straßenrand fällt ungleich leichter aus als die eines schweren, beladenen Lastwagens.

Die Omnibusse am Busbahnhof von Aleppo waren die reinste Augenweide. Stellen Sie sich diese Fahrzeuge mit all ihren tausend kleinen Lämpchen und einem Achterpack an Frontscheinwerfern einmal nachts vor.

Transportiert wurde alles, was in einen Omnibus passte. Für gewöhnlich fuhren diese Busse nicht eher los, bevor sie voll waren.

Ein Blick in das Führerhaus eines dieser Busse.

Nicht immer trifft man nachts gerade diejenigen beleuchteten Fahrzeuge an, die man gerne sehen würde. Deshalb habe ich mich besonders darüber gefreut, dass ausgerechnet der Fahrer dieses Mercedes-Benz 1924 nach dem Weg fragte.

Während meines Syrienaufenthalts bin ich natürlich auch nach Damaskus gefahren. Denn ich dachte mir, dass die Hauptstädte besonders gut versorgt sein müssten und es deshalb dort eine große Menge an Güterverkehr geben könnte. Auf dem Weg dahin sah ich diesen Hanomag-Verschnitt mit übergroßen Reifen. Er war noch nicht so verbastelt, dass er bereits unkenntlich gewesen wäre.

Ein Bild wie aus dem Fotostudio: Ein Mercedes 6600 durchfährt ein Stadttor in Damaskus.

In Homs entdeckte ich diesen alten US-Ford F500. US-amerikanische Fahrzeuge waren relativ selten zu sehen. Dagegen erfreuten sich auch in Syrien die deutschen Fabrikate größter Beliebtheit.

Erstaunlicherweise habe ich in Syrien sehr viele alte Büssing-Lkw gesehen. In jedem kleinen Ort, den ich auf meiner Rundreise passierte – wie hier in dem unaussprechlichen Shshughour –, sah ich immer wieder in den Seitenstraßen ihre fast immer rot leuchtenden Fahrerhäuser.

Dieser Büssing 6000 ist vor der Silhouette eines seinerzeit intakten Aleppos zu sehen. Wer weiß, was der Bürgerkrieg von dieser Stadt heute noch übrig gelassen hat.

Dieser Lkw war deshalb ein seltener Anblick, weil er keine Zulassung trug und weitab von der Straße in einem Feld geparkt war. Fahrzeuge in diesem Zustand gehörten in Syrien noch lange nicht zum alten Eisen. Man beachte den kurzen, vierachsigen, selbstgebauten Anhänger.

Trotz aller Warnungen, Brücken, Häfen, Militäranlagen, Bahnhöfe etc. nicht zu fotografieren, stellte ich mich doch an eine Mauer oberhalb des Hafens von Latakia. Das lebhafte Treiben im Hafengelände veranlasste mich schließlich, doch die Kamera zu zücken. Es gelang mir, unbegrenzt und ohne Zwischenfälle meine Fotos zu schießen.

Etwas zum Thema »Ladungssicherheit«: Lediglich ein heruntergefallener Zementsack veranlasste bereits diese beiden Fahrer, seinen Inhalt in einen unbeschädigten Plastiksack umzupacken. Es muss sich dabei um ein teures Handelsgut gehandelt haben, denn anderswo hätte man es liegen lassen und wäre weitergefahren.

Beinahe in jeder Großstadt, so auch in Latakia, gibt es große Areale mit Autoreparaturwerkstätten. Da in Syrien die Eisenbahn eine völlig untergeordnete Rolle spielt, wird alles über die Straße transportiert. Dieser alte MAN F8 wurde gerade einer Bremskontrolle unterzogen.

»Operiert« wird eigentlich immer an Ort und Stelle, auch unter freiem Himmel. Ob in diesem Büssing noch der alte Motor seine Arbeit verrichtete oder er bereits mit einem frischen Herzen versorgt worden war, kann der Fachmann sicherlich schnell erkennen.

Das Schulsystem scheint in diesem Land außerordentlich gut zu sein. Dennoch habe ich Kinder gesehen, die den Erwachsenen von Fall zu Fall mit leichten Arbeiten zur Hand gingen.

Keine Angst vor großen Tieren: In jeder kleinen Werkstatt ist Platz für einen Giganten.

Gesammelt wird alles, was unter Umständen noch verwendet werden könnte. Ich denke, dass alle Monteure auf ihre Art Facharbeiter sind, weil sie es schaffen, aus einem solchen Berg an Differentialen, Bremsscheiben, Zahnrädern, Getrieben usw. nach kurzem Überschauen das richtige Teil zu finden und passend einzusetzen.

Dieses dreiachsige Modell hatte die Zeit relativ gut überstanden und machte für dortige Verhältnisse einen guten Eindruck.→

Neben Büssing muss auch Berliet in den 1960er Jahren viele Fahrzeuge nach Syrien exportiert haben. Meinen Wunsch, auf diesen Lkw-Parkplätzen fotografieren zu dürfen, habe ich mir in Arabisch übersetzen lassen. Nachdem meine Nationalität geklärt war, wurde ich zu Lastwagen der Marken Mercedes-Benz, Büssing und »BERRLETT« geführt (Berliet konnten sie nicht richtig aussprechen).

Eine Stadt in arabischen Ländern lernen Sie am besten kennen, wenn Sie sonntagmorgens um 6.00 Uhr durch die Stadt fahren. Denn um diese Zeit ist sie leer, man muss nicht auf den Verkehr achten, der einen normalerweise permanent fordert, kommt deshalb überall gut durch und gewinnt relativ schnell eine Übersicht über die Hauptverkehrsstraßen.

Einmal im Hafen angekommen, sieht man Lastwagen aus allen Teilen Syriens, beladen mit Baumwolle aus dem Nordosten des Landes, die hier auf den Umschlag warten. In der Nähe von Azraq befindet sich eines der fruchtbarsten Baumwollanbaugebiete überhaupt. Hier lässt sich bis zu dreimal im Jahr Baumwolle ernten, die qualitätsmäßig eine der besten der Welt sein soll.

Auf einer dieser Straßen bewegte sich dieser Fiat in Richtung Hafen.

Mercedes 325.

Büssing 8000.

Büssing 8000.

Volvo N 88.

Büssing 8000 S.

Dieses Foto zeigt einmal mehr einen gut erhaltenen Berliet. Dieser wurde zum Transport von 20-ft-Containern verwendet. Kurioserweise verdienten sich 80 % dieser Modelle »ihren« Lebensunterhalt als Abschleppwagen.

Auf dem Hinterhof einer Tankstelle entdeckte ich diesen alten Opel Blitz. Die Sonne und das freundliche Klima haben offensichtlich einen besonders starken Rostbefall des Fahrzeuges verhindert.

Wurden in technischer Hinsicht einfache und robuste Fahrzeuge benötigt, so durften die russischen Kra3 nicht fehlen. Besonders beliebt waren sie allerdings nicht, weil sie nie auf Komfort ausgelegt waren.

Bei meinen Reisen in den Vorderen Orient hatte ich bislang den Iran ausgelassen. Im Mai und im November 2015 unternahm ich deshalb zwei Fahrten in dieses phantastische Land. Bei der ersten Reise war ich mit meiner Frau rein touristisch unterwegs, bei der zweiten stand mein Lastwagen-Hobby im Vordergrund.
Meine Erfahrungen mit den Menschen in den anderen arabischen Ländern wiederholten sich hier: Auch der Iran ist ein gastfreundliches Land »par excellence«. Die Leute sind sehr interessiert und hilfsbereit.
Die Lastwagenszene im Irak ist ebenfalls relativ alt, dafür sorgte schon das internationale Handelsembargo gegen das Land. Und durch die immer noch in Lizenz hergestellten Mercedes-Benz-Haubermodelle wirkt die Szene älter als sie ist. Der Anteil dieser Fahrzeuge ist deshalb nach wie vor sehr hoch. Sie sind reparaturfreundlich, die Ersatzteile kommen aus dem eigenen Land und – so hat man mir erzählt – sie sind die einzigen Lkw, die sich richtig gut überladen lassen. Die Busse O 302 wurden noch bis vor kurzem ebenfalls unter dem Script IRANNARIONAL oder IRANKHODRO hergestellt.

Neben Jordanien und Syrien stand noch der Iran auf meinem Reiseplan. Das Autofahren mit einem mit GPS ausgestatteten Leihwagen ist in jeder iranischen Stadt eine Herausforderung, denn jeder fährt dort, wie er möchte. Jegliche Fahrregeln, die man mal in der Fahrschule gelernt hat, sind außer Kraft gesetzt. Es herrscht ein permanentes Geschiebe und Gedränge.

Überhaupt ist die heimische Produktion nicht so schlecht. Volvo verbaut seine Hauber unter der Firma SAIPA DIESEL im Iran und auch die alten Mack R 600 wurden bei IRAN KAVEH zusammengebaut. Leyland besaß ein Werk in Teheran und baute dort bis in die späten 1960er Jahre ein Modell namens Super Comet. Häufig fielen mir auch die DAF A 18 auf, die mit ihren großen Rädern besonders exotisch aussahen. Diese fünf Hersteller dominierten mehr oder weniger den Markt.
Darüber hinaus werden neuerdings chinesische Produkte in Lizenz hergestellt, aber auch alte CCC-Zugmaschinen, IFA W 50 etc. sind keine Seltenheit im täglichen Straßenbild. Einer besonderen Beliebtheit erfreuen sich die Nissan Pick-up-Lizenzbauten, die im Iran auch ZAMYAD 2800 heißen. Diese sind fast ausschließlich blau lackiert. Nach einer Fotosession auf einem Parkplatz waren die Fahrzeugführer sofort zu einem gemeinsamen Bild zu haben.

In jeder iranischen Stadt sind auf Plakaten der Einfallstraßen alle gefallenen Soldaten des Iran-Irak-Krieges (1980–1988) abgebildet. Wie hier in Shiraz sind so ganze Straßenzüge plakatiert.

Eine Metzgerei am Straßenrand. Die zuvor monatelang auf saftigen Wiesen gehaltenen Schafsherden werden zu einem bestimmten Termin in die Städte gebracht. Dort sucht sich der Kunde sein Schaf aus, welches dann in kürzester Zeit an Ort und Stelle geschlachtet wird.

Kran gespart! Solange es genügend billige, menschliche Arbeitskräfte gibt, kann man Moniereisen und Eisenstränge mit entsprechend ausgerüstetem Personal beladen.

Apropos beladen: Diese im Iran hergestellten Zamyad 2400 (Nissan-Lizenz) sind beliebte Pick-ups und zeichnen sich durch eine hohe Nutzlast aus. Fast ausschließlich in Blau erhältlich, werden sie oft hemmungslos überladen.

Mein iranischer Bekannter hat mich darauf hingewiesen: Früher sind die Nomaden zu Fuß oder zu Pferd aus den kalten in die warmen Regionen des Landes gewandert. Heute verwenden die modernen Nomaden Lastwagen, um die Entfernungen schneller zu überwinden. Auf dieser Ladefläche befindet sich das gesamte Hab und Gut der Sippe.←

Nur mit Hilfe meines Bekannten war es mir möglich, den Großmarkt von Shiraz zu besuchen. Da alles nur in Arabisch ausgeschildert ist, würde ein Fremder ohne Sprachkenntnisse diesen Platz gar nicht finden. Außerdem wird am Eingang zum Markt ein gewisses Eintrittsgeld verlangt. Der Zugang dahin wird einem offensichtlichen Ausländer erst einmal verwehrt. Ist man jedoch erst einmal dort, überwältigt einen die Vielfalt des Angebotes. Über dem gesamten Areal hing ein Duft von frischem Gemüse, Früchten und Gewürzen, der mir heute noch in der Nase liegt.→

2400

Als ich zum Fotografieren an einer Ziegelei hielt, an der mehrere Lkw auf ihre Ladung warteten, wurde gerade am Rand des Platzes ein Fahrzeug »instand« gehalten.
Die beiden Fahrer hörten abrupt aus Neugier mit ihrer Arbeit auf. Sie kamen meinem Wunsch nach einem gemeinsamen Foto sofort und äußerst freundlich nach.

In den 1960er Jahren wurde diese Leyland Super Comet ausschließlich im Iran hergestellt. Somit sind diese Fahrzeuge rund 55 Jahre alt. Ein arabischer Leyland-Schriftzug wurde zum Objekt der Begierde.

Als wir die uns beschriebene Werkstatt suchten, stießen wir in einer Seitenstraße auf diesen auch im Iran überaus seltenen DAF A18 mit übergroßen Reifen und erhöhten Ladebordwänden.→

Auf der Suche nach diesem Emblem kam ich dank meines Übersetzers in zahlreiche Hinterhöfe, in denen diese alten Leyland-Lkw – fast alle noch mit Originalmotoren – wieder repariert wurden oder als Ersatzteillager dienten.

Im Iran trotzen die alten Mercedes-Benz-Hauber ebenfalls der Konkurrenz aus China. Sie werden heute noch im Land hergestellt und zeichnen sich durch einfache, aber robuste und langlebige Technik aus, die jeder beherrschen kann. Weil dieses Modell bei uns in Europa schon lange nicht mehr auf den Straßen zu sehen ist, erweckt es im Iran den Eindruck, als ob dort besonders viele alte Lkw unterwegs wären.

Ich habe es mir zur Angewohnheit gemacht, solche Straßen aufzusuchen, die eine besondere Steigung aufweisen. Denn hier müssen sich alle Fahrzeuge den Berg hoch quälen, die überladenen Lastwagen sowieso. ←

Der Mercedes-Benz 2624 ist ein oft gesehenes Fahrzeug. Er gilt unter den Fahrern als ein Laster, »den man wenigstens vernünftig überladen« kann.

Dieser Lkw ist offensichtlich japanischer Herkunft. Solche Fahrzeuge zählen im Iran eher zu den seltenen Exemplaren.

Die Lastwagen der Firma Mack spielen auch im Iran eine große Rolle. Immer mit übergroßen Reifen und großen Zusatztanks ausgerüstet (Diesel kostet hier 15 Cent), wurden sie als Sattelschlepper für schwere Lasten herangezogen. Im Bild das Modell R600.

Im Gegensatz zum vorigen Bild stammt dieser Mack aus heimischer Produktion. Im Kühlergrill kann man »Iran Kaveh« lesen. Dies steht ebenso in Arabisch an den Seiten der Motorhaube. Auch hier handelt es sich um ein Modell R600.

Ein weiteres Mack-Modell, das man ebenfalls verhältnismäßig oft sehen kann, ist der F700 Frontlenker. Eine Produktion im Iran scheint aber nicht mehr stattzufinden. Auch Katalogmaterial ist nicht zu bekommen.

Erfreulicherweise sieht man die Modelle aus den 1950er Jahren noch relativ oft. Sie werden von ihren Fahrern gehegt und gepflegt, weil diese wohl mittlerweile wissen, um welche alten Schätze es sich bei diesen Lastern handelt. Man beachte den locker übergehängten Reservereifen am Auflieger.

Während der vorherige Lastwagen sinnigerweise Ölfässer transportierte, bestand die Ladung dieses Trucks aus im Iran hergestellten Klimaanlagen. Das Handelsembargo verhinderte zwar den Import von ausländischen Geräten, verbot dem Land aber nicht, selbst für entsprechend dringend benötigte Güter zu sorgen. Außerdem stand China bereits in den Startlöchern.←

Aus der Ära der Mercedes-Benz-Hauber stammt auch dieser Volvo N88. Der schwedische Hersteller ist neben Mercedes-Benz, Mack und Leyland der vierte Lastwagenlieferant, der nennenswert auch mit seinen Nachfolgemodellen zum Straßenbild gehört.→

VOLVO

Ein Chevrolet C 70 – hier als Autotransporter – ist nicht allzu oft auf iranischen Straßen zu sehen.

Auf dem Weg nach Yasd kann man auf einem Umschlagplatz bei Saadat Shahr die Verteilung von Tomaten beobachten. Die großen und die kleinen Transporter liefern von den umliegenden Feldern ihre Waren zum Verbleib in Kühlhäusern ab. Gleichzeitig findet aber auch Handel vom Erzeuger zum Zwischenhändler statt.

Das Straßennetz im Iran ist hervorragend ausgebaut. Vier- bis sechsspurige Autobahnen durchqueren das Land, die Gegenfahrbahn wird meist durch einen mindestens 100 Meter breiten Wüstenstreifen getrennt. An den Ein- und Ausfahrten positionieren sich fast immer Händler mit ihrem frischem Obst und Gemüse.←

Ein großer Anziehungspunkt für mich sind immer solche Straßen, an denen sich Reparaturwerkstätten befinden. Hier ist einfach alles vertreten, und man kann Technik hautnah erleben.

Iraner waren immer gute Händler. Rechts auf dem Foto ist ein Auflieger der Firma Tesco zu sehen. Er hat offensichtlich den Weg von Großbritannien in den Iran gefunden.

Ursprünglich sollte der linke Lkw den rechten mit einer Abschleppstange in die Garage schieben. Doch wer den Zustand der Abschleppstange vorher gesehen hatte, konnte erahnen, was dann passierte: sie brach. Kurzerhand setzte ein Mechaniker dieses kurze Holzstück auf Spannung und alles funktionierte.

Der Iran ist kein armes Land, sodass benötigte Werkzeuge, Hebebühnen, Druckluftanlagen usw. auf dem Weltmarkt beschafft werden können. Es muss ja nicht immer Amerika oder Europa sein. Schmiermittel werden im eigenen Land hergestellt. ←

Im Iran sicherlich ein Kriterium für langes, ununterbrochenes Fahren: ein großer Tank. Deshalb gehörten Tanks zum Spezialgebiet dieses Betriebes, der darüber hinaus mit nichts anderem handelte. ↓

Operationen am offenen Patienten. Gerne wird im Iran unter freiem Himmel und an Ort und Stelle repariert. Man mag kein richtiges Vertrauen in die Arbeiten haben, aber ich habe nie unterwegs qualmende Bremsbeläge oder überhitzte Motoren angetroffen.

Ein einziges Sammelsurium an Ersatzteilen, Kühlern, Kardanwellen und Auspuffrohren.

Dieser junge Mann versuchte mir in der Landessprache Farsi zu erklären, welche Arbeiten er gerade vollbrachte. Auch hier hatte ich den Eindruck, dass diese Unordnung einem befriedigenden Ergebnis nicht unbedingt förderlich war. Vor Diebstahl musste er sich übrigens nicht fürchten.

Unterwegs an einer Autobahnraststätte halfen sich die Fahrer auch hier gegenseitig beim Reifenwechsel. Genügend Werkzeug führte offensichtlich jeder mit sich.→

Selbst dieser Gemüsehändler aus der iranischen Kleinstadt Ghavam Abed wusste offensichtlich darüber Bescheid, wie Bremsbeläge oder Bremsscheiben an seinem Zamyad auszuwechseln waren.↓

AFRIKA

Algerien: Hier sieht man einen französischen Willème im Hafen von Oran.

Afrika hatte mich (ebenso wie Asien) privat nie so sehr interessiert wie der Orient. Vielleicht lag es auch daran, dass bei meinen Urlaubsplanungen, sehr zum Ärger meiner Frau, immer meine Vorliebe für die jeweilige, landestypische Lkw-Szene eine Rolle gespielt hatte. Und die Lastwagen, die ich aus Afrika (und Asien) so auf Bildern/Filmen gesehen hatte, waren in erster Linie japanischer Herkunft. Außerdem waren sie nicht so alt, dass sie mich hätten interessieren können. Aus den 1950er/1960er Jahren konnte ich nämlich keine Fahrzeuge entdecken, aber gerade solche wären für mich sehenswert gewesen. Aus diesen Gründen habe ich erst spät damit begonnen, auch den schwarzen Kontinent (sowie Asien) für mich zu entdecken.

Ägypten: Hier ist die Firma NAI (National Automotive Industries) beheimatet. Sie baute die alten Eckhauber von Magirus mit luftgekühlten Motoren nach. Entsprechend häufig sah ich sie auf allen Straßen.↗

Südafrika: Noch zu Zeiten der Apartheid wurde dieser Albion Victor zur Personenbeförderung von den Homelands in die Großstädte Südafrikas eingesetzt. Schwarze und Weiße fuhren allerdings getrennt.→

CHEVROLET

ZALARA
8004
8054
CD 5263

Während der Mercedes-Hauber »King of Africa« genannt wurde, liefen die Fiat-LKW unter dem Namen »Queen of Africa«. Auch sie scheinen für die Ewigkeit gebaut.

In Äthiopien ist der ehemals italienische Einfluss in Form von Fiat-Lastwagen spürbar. Die Straßen werden durch die Rechtssteuerung erkennbar gut ausgenutzt. Dieser Straßenzustand war typisch für das Land.

Aber niemand ist so ganz allein auf der Welt. Der russische Hersteller KamAZ versuchte seine Fahrzeuge unter dem Namen »AFRO« zu verbreiten, was ihm aber nur für kurze Zeit gelang. Die verkauften Einheiten hielten sich in Grenzen. Die Lizenz wurde eingestellt.

KENIA

Eine Rundreise durch Kenias Nationalparks erbrachte wider Erwarten eine Ausbeute an Lkw-Fotos, die sich sehen lassen konnte. Da wir – meine Frau und ich– mit einem privaten Fahrer eines Land-Rover unterwegs waren, und ich, da in Kenia Linksverkehr gilt, auf der strategisch günstigen linken (Beifahrer-)Seite saß, hatte ich genügend Gelegenheit, während der Fahrt aus dem Auto heraus Fotos zu schießen. Gegen ein entsprechendes Trinkgeld hielt der Fahrer die Frontscheibe klinisch sauber, und schon hatte ich meine guten Fotos.

Aber auch eine Fahrt für mich ganz allein musste sein, damit ich ganz Mombasa mit einem einheimischen Fahrer zusammen erkunden konnte. In Kenia selbst ein Auto zu steuern ist nicht einmal so sehr wegen des Verkehrs schwierig, sondern eher dadurch, dass es dort quasi überhaupt keine Ausschilderung gibt und so manche Lehmstraße nicht gerade den Eindruck erweckt, sie könnte der Beginn einer wichtigen Ausfallstraße sein.

Nähert man sich dem Zentrum einer kenianischen Großstadt, so fallen die zahlreichen Kleinbusse – meist japanischer Herkunft – auf, die für den reibungslosen Personentransport in die Vororte sorgen. Reibungslos, solange die hoffnungslos verstopften Straßen dies überhaupt zulassen.

Kenia: Ich dachte immer, die »Tuk-Tuk« wären ausschließlich in Thailand zu sehen, aber sie sind mittlerweile in vielen anderen Ländern als Personenbeförderungsmittel zu kleinen Preisen sehr beliebt.

Ein Kleinunternehmer mit seinem Bautrupp. Alles befindet sich auf der Ladefläche: Klinker, Schalbretter, eine kleine Betonmischmaschine, und in diesem Fall außerdem neun Mitarbeiter.

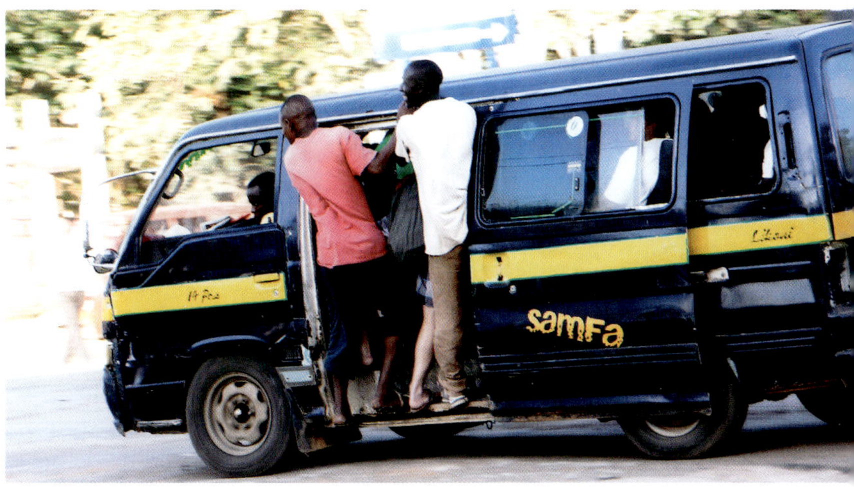

Die kenianische Regierung überlegt bereits, diese Kleinbusse durch größere Busse zu ersetzen. Sie verspricht sich davon mehr Sicherheit (die Anzahl der Verkehrstoten in Kenia gehört zu den höchsten in der Welt) und auch einen besseren Verkehrsfluss. Da die Kleinbusse auf Zuruf überall anhalten dürfen, kommt der Verkehr natürlich sofort zum Erliegen.

TRANSTRAC
BEIBEN TRUCK
UAR 545R

HARIKA
KZA 045
KBN 204A
TOYOTA

Da Mombasa für Afrika ein bedeutender Hafen ist, fahren viele LKW aus Ländern, die keinen Hafen haben, durch Kenia. So auch dieser in China in Lizenz gebaute Mercedes-Benz aus Uganda.←

Die Firma Harika hat sich auf den Transport von Eisen-Coils spezialisiert. Die Mercedes-Benz-Hauber beförderten diese quer durch Mombasa zum Hafen. Die Ladungssicherung bestand lediglich aus zwei Holzkeilen, die unter die Coils geschoben wurden.↙

Die Japaner haben Afrika schon recht früh als Exportmarkt entdeckt. Entsprechend zahlreich waren sie vertreten. Dennoch ist auch der hier relativ gutaussehende Isuzu ca. 25 Jahre alt.→

Dieser Fiat diente nur dem kurzen Transport von Containern vom Terminal zum Hafen. Auffallend war, dass die Nachlaufachse keinerlei Dämpfung oder Federung aufwies. Sie lief einfach nur hinterher, im wahrsten Sinne des Wortes.↓

Es gibt eine Ausnahme: Die Firma Rongai hat selbst im Überlandverkehr noch einige dieser alten Leyland in Gebrauch. Offensichtlich versehen sie ihren täglichen Dienst annähernd störungsfrei. Als Nachfolgemodelle werden allerdings Mercedes Actros eingesetzt.

Auch dieser Isuzu war der ganze Stolz eines Schrotthändlers. Bemerkenswert war an diesem Fahrzeug, dass der Beifahrer in der Rechtskurve mit dem Arm die Tür zuhalten musste, die sonst aufgesprungen wäre.

Obwohl Kenia lange eine britische Kolonie war, sind englische Hersteller weitgehend aus dem Straßenbild verschwunden. Von den zuletzt hergestellten Leyland-Lkw kann man ab und zu ein Modell entdecken, aber ähnlich wie Land Rover werden sie immer weniger.

Noch einmal ein Motiv zur Ladungssicherung. Wie schnell das zum Thema werden kann, zeigt dieses Bild.↑

Die Ausfallstraße in Richtung Nairobi ist viel befahren, bildet sie doch die Hauptverkehrsachse zwischen der Hauptstadt und Kenias größtem Hafen. Auch in diesem Land spielt die Eisenbahn eine gänzlich untergeordnete Rolle. Wer mal eine sieht, hat das Gefühl, mit dem Fahrrad eigentlich schneller zu sein.↗

Ein typisches Straßenbild, das einem begegnet, wenn man sich aus den Zentren der Großstädte entfernt.→

Eine charakteristische Straßenszene in Kenia; diese Straße führt in den Containerhafen von Mombasa.↓

Augenscheinlich erfreut sich auch in Kenia der Fiat großer Beliebtheit, hier in einer der typischen Gegenden, wie sie in Richtung der Nationalparks zu finden sind.

»Frisch geteert!« Weil es offensichtlich an Schildern für Straßensperren selbst fehlt, werden frisch geteerte Straßenabschnitte mit dicken Pflastersteinen bestückt. Da soll man tunlichst nicht rüber fahren. Nachts weist keine zusätzliche Beleuchtung auf diesen Zustand hin.

Hält man an einer der zahlreichen Tankstellen im Land, an denen sich oft auch Händler niedergelassen haben, dann kommen diese auf einen zu, um ihre Waren zu verkaufen.

Ein Parkplatz ist immer auch ein Ort, an dem Informationen über Grenzübergänge, Polizeikontrollen, Straßenzustände etc. diskutiert werden. Dieser Fiat 682 N3 kommt aus Tansania.

Ein typischer Streckenabschnitt des Highway zwischen Mombasa und Nairobi. Eine Autobahn gibt es nicht. Das Straßenbild weckt die Erwartung, bald einen wundervollen Blick auf den Kilimandscharo werfen zu können.

INDIEN

Indien selbst zu bereisen, ist und war nicht unbedingt meine Sache (vor allem wegen des zu scharfen Essens). Um trotzdem Lastwagenfotos aus Indien zu bekommen, habe ich den Sohn eines Freundes engagiert, der mir sehr dabei half, entsprechendes Material aus diesem subkontinentalen Land zu bekommen. Ich bot ihm damals umgerechnet DM 30 für einen Film mit 36 Aufnahmen an, unter der Bedingung, dass dann alles mir gehören würde. Das beflügelte ihn außerordentlich. Mit Papas Kamera ausgerüstet und dem Fahrer des Hauses zu seiner Verfügung, brachte es der junge Mann dann spielend auf 33 Filme. Das Geld konnte er, wieder zu Hause angekommen, als 15-Jähriger sehr gut gebrauchen. Für mich war das gut angelegtes Geld, denn für nur DM 1.000, heute also ca. EUR 500, hätte ich Indien nicht bereisen können. Und Geschichten konnte er von diesem Land reichlich erzählen.

Indiens LKW-Produktion bestand bis ca.1990 fast ausschließlich nur aus Tata und Ashok Leyland, wobei Tata gefühlte 80 % Marktanteil hatte. Unschwer zu erkennen ist, dass in den Anfängen Mercedes-Benz Lizenzgeber für diesen Hersteller war.

Schaut man sich die Bilder dieser Fahrzeuge an, so könnte man meinen, es handle sich um die Mercedes L 312/ L 3500. Nur das große »T« zeigt, dass es landeseigene Produkte sind. Auch hier spielt sich der gesamte Reparaturbetrieb unter freiem Himmel ab. (Seite 148 u. 149)

UPT 1335
LOAD 100
UPT 1335
GUPTA

WATER
TANK
PUBLIC
CARRIER

PUBLIC
CARRIER
DLL
3586
DLL3586

GOODS
CARRIER
RAJASTHAN. U.P.
DELHI. HARYANA
RJ1
3709
PUBLIC
CARRIER
RJ25
60117
GOLDEN
TRANSPORT
Co
T.P.
NAGAR
JAIPUR
PH 41238
RJ1
3709

An diesen Tata-Haubern lässt sich erkennen, dass wahrscheinlich ältere Mercedes-Benz-Werkzeuge in Indien weiter verwendet wurden. Die Holzkabinen wurden immer im Land individuell hergestellt.

Etwa zur gleichen Zeit wurden in Indien auch Frontlenker produziert. Hier ist die Mercedes-Benz-Verwandtschaft ebenfalls deutlich erkennbar. Selbst die Modellbezeichnungen, wie z.B. 1210 A, die auf zulässiges Gewicht und PS hinweisen, wurden übernommen. ↑↓↗

Vielleicht, weil schon in den 1930er Jahren in England sogenannte »8Wheeler« populär waren, war Ashok Leyland einer derjenigen Hersteller, die diese Konfiguration auch in Indien produzierten.

Kleinlastwagen erweckten den Eindruck, als hätten sie den Zweiten Weltkrieg überlebt. Sie erinnern stark an die Dodge WC-series, sind aber japanische Nissan. Man beachte das besonders für Regen geeignete Profil an den Vorderreifen.

Möglicherweise sind die beiden Fahrer aus Angst vor dem abenteuerlichen Straßenverkehr auf die Ladefläche ihres Lasters geflüchtet, um dort in aller Ruhe ein Schwätzchen zu halten.

Es muss nicht immer eine besonders gut ausgestattete Werkstatt sein. Selbst der Austausch von Motoren wird am Straßenrand unternommen. Beachten Sie bitte auch die Kühe direkt hinter dem Fahrzeug.

Dieser Auflieger zum Transport von Autos wurde offensichtlich in Eigenbau hergestellt. So konnte er optimal die richtige Anzahl an Kleinwagen aufnehmen.

Die Unfallquote Indiens ist eine der höchsten in der Welt. Denn nachts wird kaum mit Licht gefahren. Dass nicht noch mehr passiert, grenzt an ein Wunder.

Opfer eines schweren Unfalls scheint auch dieser Tata gewesen zu sein. Das Chassis ist deutlich verzogen und würde wahrscheinlich in anderen Ländern sofort still gelegt werden.

Wenn etwas ganz Großes kommt, dann machen alle anderen ehrfurchtsvoll Platz. Den Hersteller der Zugmaschine kann ich leider nicht nennen.

LAOS

Ich habe den Eindruck, dass Laos, was Fahrzeuge anbelangt, am Tropf von Indien hängt. Es besitzt keine eigene Fahrzeugproduktion und ist noch ärmer als Indien. Deshalb meine Vermutung, dass das, was in Indien ausgemustert wird, in Laos ein weiteres Leben findet.

THAILAND

Ein Bild aus frühen Tagen. Ein Steyr fährt durch die Innenstadt von Manila. Das war damals noch, aus welchen Gründen auch immer, kein seltener Anblick. Heute sind sie aus dem Straßenbild verschwunden.

Mit Thailand bin ich ähnlich verfahren wie mit Indien, da ich selber nicht dorthin reisen wollte. Ich brauchte nur einen vernünftigen Fotografen zu finden, der bereit war, an meiner Stelle dorthin zu fliegen und dann von allen interessanten Lastwagen Fotos zu machen.

In Thailand fällt auf, dass japanische Lkw das Feld beherrschen. Sie sind äußerst bunt lackiert, zugeklebte Frontscheiben sollen vor Sonne schützen; mit solch einem eingeschränkten Sichtfeld zu fahren, wäre in Europa ein absolutes »no go«.

Bemerkenswert ist außerdem, dass die Lkw in Thailand kaum Rußfahnen hinter sich herziehen. Das mag einen überraschen, wird doch immer behauptet, dass in sogenannten Entwicklungsländern die letzten Dreckschleudern auf den Straßen zu finden seien. Hier in Thailand aber fahren die meisten Lastwagen mit Erdgas. Wer genau hinschaut, kann die großen Gasanlagen hinter den Führerhäusern erkennen.

Ein Isuzu mit den landestypischen Holz-Fahrerkabinen. Hier vollbringen noch alte japanische LKW ihren täglichen Dienst.↗

Die gleiche Version des Isuzu als dreiachsiges Modell. Die Fahrerkabine besteht hier aus Alublech. Es sieht so aus, als ob jeder Eigentümer seine individuelle »Hütte« bastelt.→

80-9856

ทางแยกข้างหน้า
300 ม
INTERSECTION AHEAD
อำนาจเจริญ 55
THAILAND
81-5463

Es ist immer wieder erstaunlich, dass Mitfahrer sich vollkommen ungesichert auf die erhabenen Positionen eines Lasters setzen, ohne auch nur im Entferntesten an die Folgen einer Vollbremsung zu denken, zu welcher der Fahrer gezwungen sein könnte.

Die modernen LKW kommen vornehmlich aus japanischer Produktion. Es ist unglaublich, mit welchen Farben die Fahrzeuge lackiert sind.

Hino ist in Thailand stark vertreten. Beliebt sind auch hier die vierachsigen Zugmaschinen.

Isuzu und Hino sind in diesem Fall nicht in verschiedenen Modellreihen unterwegs, sondern in erster Linie in einer Vielfalt von individuellen Farbgebungen.↑↗

Eine rote Fahne am Ende des Fahrzeuges muss genügen, um zu demonstrieren, dass es sich hier um eine überbreite und schwere Last handelt.

VIETNAM

Eine gemeinsame Rundreise durch Vietnam mit Freunden hatte dazu geführt, dass ich aus diesem Land eine sehr große Anzahl an Fotos mit nach Hause bringen konnte. Sowohl in Hanoi als auch in Saigon ließ ich ins Vietnamesische übersetzen, was ich jeweils vorhatte.
Ein Fahrer brachte mich an die wichtigsten Knotenpunkte dieser beiden Städte. Die Temperaturen betrugen in Hanoi ungewöhnlicherweise nur 2°C, in Saigon allerdings 31°C. Ein Taxi zurück zum Hotel zu bekommen, war nie ein Problem. Die richtige Stelle zum Fotografieren zu finden, war ebenfalls kein Problem, weil es zu dieser Zeit nur eine einzige Straße gab, nämlich die Nationalstraße Nr. 1 von Nord nach Süd. Da bewegte sich alles drauf.
Obwohl das Nachbarland Kambodscha nur ca. 30 km weit weg war, durfte man dort leider nicht hinfahren; von Vietnam aus bestand nach Kambodscha lediglich eine Busverbindung.
Vietnam war von der Ausbeute an Fotos her sehr ergiebig. Der sogenannte »US surplus«, also das, was die Amerikaner nach dem Vietnamkrieg an Fahrzeugen zurückgelassen hatten, fing gerade an, seltener zu werden. Militärfahrzeuge sah man noch genügend, aber US Ford, International Harvester, GMC etc. waren schon auf dem Rückmarsch und wichen hier auch den starken Koreanern, die es aber nicht neu, sondern nur gebraucht gab.
Nicht zu übersehen waren die zahlreichen IFA W 50, die sich hier in der Nachkriegszeit größter Beliebtheit erfreuten. Ein sehr hoher Anteil an DDR-Lastwagenexporten scheint einmal nach Vietnam gegangen zu sein.

Es gab Busse dieser Art, die ebenfalls die Bezeichnung IFA W 50 führten. Zu vermuten ist, dass heimische Firmen auf das Chassis des IFA eine Bus-Karosserie aufsetzten. Motorklang und Radstand ähnelten doch sehr dem LKW.↑

Im regnerischen Hanoi: An einem belebten Kreisverkehr hatte ich eine gute Position gefunden, um den Verkehr beobachten zu können. IFA W 50L sah ich häufig. Dieser einfache LKW erfreute sich größter Beliebtheit, war er doch immer noch besser als manch russischer.↗

Russische Kra3 wurden als Zugmaschinen für Tankwagen eingesetzt. Ich sah sie noch sehr häufig. Allerdings machten sie alle einen verrotteten Eindruck→.

SĂM LỐP Ô TÔ
29K-1199
IFA
29K 1199
KÍN
HÀN

80H-0043
TẬP LÁI

Eine weitere Variante des IFA W 50L. Bei manchen von ihnen schien der Radstand verlängert worden zu sein.

Militärfahrzeuge zu fotografieren, ist natürlich strikt verboten. Dennoch machte es den besonderen Reiz aus, sie vor die Kamera zu bekommen. Wer genauer hinschaut, sieht, dass sich die Fahrer darüber freuten.

Südkorea ist nicht weit. Mit der zunehmenden Wirtschaftskraft, und um den Anforderungen des Landes gerecht zu werden, benötigt Vietnam schwerere Fahrzeuge und greift da gerne auch auf Vierachser zurück wie diesen Hyundai.

Auf dem Weg von Hanoi nach Saigon muss der »Wolkenpass« überquert werden, der gleichzeitig eine Wetterscheide ist. Auf steilen Serpentinen geht es in die Berge zur ehemaligen Grenze von Nord- und Südvietnam. Manche Fahrzeuge leiden unter dem starken Gefälle, und aufgetretene Schäden werden auf dem Kamm des Passes repariert.

Rote Autonummern zeigten an, dass es sich um Armeefahrzeuge handelte. Die Angst, Militärs zu fotografieren, war bei mir mittlerweile verflogen. Niemand hatte etwas dagegen, auf Celluloid gebannt zu werden. Bei diesem Modell handelte sich allerdings um kein »surplus«.

In Saigon ist das Klima deutlich freundlicher, sprich wärmer. Die Nationalstraße 1 verläuft durch den Ort. Hier konzentriert sich der Verkehr in beiden Richtungen und ist ein Eldorado für Fotos.

Die US-Fahrzeuge wurden mehr und mehr durch japanische und koreanische Fabrikate ersetzt. Leider, denn es gab einst doch eine Menge amerikanische Lkw-Typen im Land, die man sonst nicht so oft zu Gesicht bekommt. Auch dieser Nissan gehörte schon zu den älteren Modellen.

CHINA, HONGKONG

Es sah so aus, als ob dieser Dongfeng mit Absperrgittern für Baustellen beladen war. Die Beifahrer warfen diese Rohre vom LKW auf den daneben liegenden Bürgersteig. Eine Entflechtung der abgeladenen Ware war eigentlich nur nach Art des Geschicklichkeitsspiels Mikado möglich!

Etwa um das Jahr 1991 führte mich eine Geschäftsreise in diese Region. Mein Partner wollte damals die Reisekosten übernehmen, was ich aber ablehnte. Wohl dabei auch immer an mein Hobby denkend, machte ich den Vorschlag, die Hälfte selbst zu bezahlen, damit ich privat etwas unternehmen konnte. Nach getaner Arbeit machte ich mich dann auf den Weg. Zu diesem Zeitpunkt wusste ich allerdings nicht, dass damals schon der Schwerverkehr aus der Millionenstadt Canton heraus gehalten wurde. Das hatte zur Folge, dass meine Ausbeute an Lastwagen-Fotos relativ mager ausfiel. 15 Jahre später musste ich noch einmal nach China reisen, und da ergaben sich für mich dann mehr Möglichkeiten, mich im täglichen Straßenverkehr umzuschauen und auf den Auslöser zu drücken.

In Hongkong faszinierte mich der Warenverkehr von und nach China. An den Hauptausfallstraßen bildeten sich lange Konvois von Lastwagen, die 24 Stunden am Tag und 365 Tage im Jahr mit Gütern in beide Richtungen unterwegs waren.

Auch die Chinesen haben schon früh damit begonnen, schwerere Lastwagen aus Südkorea oder Japan zu importieren. Oft habe ich die noch nicht entfernten Schriftzeichen auf den Aufbauten gesehen.

Den klassischen LKW, der Anfang der 1990er Jahre noch sehr oft zu sehen war, stellten diese Jiefang dar. Eine Vielfalt, wie sie heute existiert, gab es zu dieser Zeit noch nicht. Leider sind diese alten Hauber gänzlich aus dem Straßenbild verschwunden. ←↑

Ca. 18 Jahre später führte mich mein Beruf noch einmal nach China, dieses Mal in die Provinz in die Nähe von Botou. Bitte beachten Sie auf diesem Foto folgende Details: Das Dreirad ist höchstwahrscheinlich überladen, der Beifahrer bohrt in der Nase und das Nummernschild steht Kopf.

Dreiräder spielen in China eine große Rolle und sind das Haupttransportmittel der Bauern. Man sagte mir, dass in jeder Provinz ein Hersteller von Dreirädern existiert. Die roten Sticker waren noch vom chinesischen Neujahrsfest übrig.

Ähnlich beladen wie das Dreirad, vollbrachte dieser kleine Traktor Schwerstarbeit. Man beachte bitte die sinnlosen Außenspiegel. Für die Beobachtung des Verkehrs saß oben im Heuhaufen eine Person. Ob ihre Warnungen unten gehört wurden, ist allerdings fraglich.

Warum zweimal fahren, wenn auch alles mit einem Male erledigt werden kann? Immerhin 16 Dreiräder auf einen Schlag konnte dieser FAW transportieren.

Selbst gebastelte Transportmittel sollten eigentlich nicht auf den Straßen zu sehen sein, weil sie offiziell untersagt sind. Auf diesem Bild ist erkennbar, dass das Fahrzeug keine Zulassung hat. Offensichtlich ist Peking weit weg. Ein Flaschenzug ersetzt einen modernen Kran.

LKW Marke Eigenbau: Das Fahrzeug hatte eine Geschwindigkeit von etwa 50 km/h, die Ölfässer dienten als Dieseltank, die Außentemperatur betrug + 2° C und die Heizung des Fahrers war sein Schal.

Auch dieses Dreirad leistete Schwerstarbeit. Moniereisen, Eisenstangen und Eisenrohre zeigen, wie robust diese Fahrzeuge sein müssen. Der Fahrer trotzte der Kälte ohne Windschutzscheibe.

Diese Szene sieht spektakulärer aus, als sie ist. Die Ladung von ca. 40 Fässern unterzubringen, ist sicherlich höher zu bewerten als ihr Gewicht.

PHILIPPINEN

Auch während meiner Philippinen-Reise hatte ich die Möglichkeit, einen Tag für mich alleine zu organisieren. Mit einem Mietwagen erkundete ich die Stadt Manila und die Hafengegend. Da ich die Lage der einzelnen Städte nicht genau kannte und die Straßen darüber hinaus schlecht beschildert waren, wurde das Autofahren auf den Philippinen allerdings zu einer Herausforderung.
Schon vor der Hauptstraße des Hotels fielen mir die im Land hergestellten Jeepneys auf – sie sind das wichtigste Beförderungsmittel hier. Im Hafengebiet fand ich dann doch noch die älteren japanischen Lkw-Modelle, die ich in anderen Regionen vermisst hatte. Der Zustand der Fahrzeuge spiegelte aber die wirtschaftliche Lage des Landes wider. Bedingt durch das Klima auf den Philippinen, spielt sich ein Großteil des Lebens auf der Straße ab.

Tritt man in Manila vor die Tür, dann fallen einem sofort die unzähligen Jeepneys auf. Es sind Sammeltaxis, und diese ersetzen Linienbusse, Eisen- und Straßenbahnen. Sie sind der ganze Stolz der Fahrer, die auch gleichzeitig Eigentümer dieser Transportmittel sind. Alle Jeepneys werden individuell nach den Wünschen der Fahrer »gedengelt« und mit japanischen Dieselmotoren versehen. Dass der Ur-Jeep Pate stand, ist unschwer zu erkennen. (siehe auch Seite 173)

Das Leben spielt sich in weiten Teilen auf der Straße ab. Kleine Stände ermöglichen es, sich mit den wichtigsten Dingen des täglichen Lebens einzudecken.

Im Schatten der im Zentrum gelegenen Hochhäuser der Hafengegend schlafen die Menschen mehr oder weniger unter freiem Himmel in notdürftigen Verschlägen. Unsicher ist diese Gegend nicht.

Einmal im Zentrum des Hafens angekommen, offenbart sich ein lebhaftes Durcheinander und ein Mix aus Wohngebiet, Straßenküchen und LKW-Parkplätzen.

Bedingt durch günstige Dieselpreise, kann man mit Nutzlasten relativ leger umgehen. Wichtig ist, dass dieser marode LKW den Weg in den Hafen unbeschadet übersteht.

Man glaubt es kaum, aber sie sind noch im ständigen Einsatz: Dieser FUSO ist täglich auf der Straße zu sehen. Zugelassen ist er außerdem. Dass seine Türen fehlen, ist kein großer Nachteil: Dieser Umstand stellt eher eine Art »philippinische Klimaanlage« dar.

Die Ladung wird gerade fixiert. Einer baldigen Abreise steht nichts im Wege.

Ex-US-Army-Fahrzeuge scheinen unverwüstlich zu sein. Sie versehen ihre tägliche Arbeit zuverlässig. Spuren an der Karosserie, wie an zivilen Fahrzeugen üblich, sind an ihnen kaum zu erkennen.

142
L.E.G.

MAERSK
APMU 2303452
MAERSK
R.Cunanan

Ein recht skurriles Spezialfahrzeug für den Langmaterialtransport auf Leerfahrt. Die Zugmaschine ist ein International. Interessant ist der Anhänger, der aus den Resten einer Sattelzugmaschine entstand. In der Hütte zwischen den Achsen sitzt ein Arbeiter, der den Nachläufer zu lenken hat. ↑→

Den ehemaligen japanischen Militärfahrzeugen ergeht es ähnlich wie den amerikanischen. Dieser Isuzu sieht noch recht robust aus und wird täglich bei der Müllabfuhr eingesetzt. ↖

Diese Szene wirkt wie gestellt. Ob dieser kleine Eigenbau wirklich den Auflieger ziehen sollte, bleibt ungewiss. ←

VENEZUELA

»El Venezolano« wird dieser Mack R 600 genannt, der in Venezuela produziert wird. Man sieht ihn in allen Variationen, meist schwer überladen. Besonders diese langen Steigungen verlangen den Fahrzeugen einiges ab. Die seitlichen Abschnitte der Straßen sind schwarz verfärbt von den Abgasen.

Ein guter Freund verschaffte mir eines Tages die Gelegenheit, eine Reise nach Venezuela zu unternehmen. Er lebte damals schon seit drei Jahren in Venezuela, sprach gut Spanisch und kannte sich also mit den hiesigen Gegebenheiten aus.

Meine Reise fand zu einer Zeit statt, in der in diesem an Erdöl reichen Land noch alles friedlich zuging und das Land keine Mangelerscheinungen aufwies. Benzin kostete damals 7 Pfennig – Wasser war teurer! Auch hier mietete ich mir einen Pkw. Die Ortsbezeichnungen waren katastrophal. Als Außenstehender wusste man nie, ob es sich bei der Ausschilderung nur um einen Vorort handelte oder um eine 70 km entfernte Stadt, denn alle Schilder waren unübersichtlich in der gleichen Schrift und in Blau gehalten. Das Einzige, was wirklich Laune machte, waren die Radiosender mit ihren südamerikanischen Rhythmen.

Meinen Standort wählte ich an einer steilen, schier endlosen Steigung, an der die Lkw, alle hoffnungslos mit Moniereisen, Bananen oder Betonplatten überladen, sich den Berg hoch quälten.

Hatten in fast allen anderen Ländern, die ich bisher bereist hatte, immer Fahrzeuge von Mercedes-Benz das Straßenbild dominiert – oder wie in Indien Fahrzeuge, die unter Mercedes-Benz-Lizenz hergestellt wurden –, waren in Venezuela Mack-Laster das Maß der Dinge.

Die Tatsache, dass diese Fahrzeuge im Land produziert wurden, zeigten die Venezolaner stolz an der Stoßstange mit der Aufschrift »EL VENEZOLANO«. Zahlenmäßig kamen nach diesen Mack-Lastern aber gleich dahinter Exportlastwagen aus den USA.

Letztendlich zeigte sich der amerikanische Einfluss auch durch andere Marken, wie dieser Ford beweist. Die aus den 1990er Jahren gebauten Louisville-Line-Modelle wurden in Südamerika auch unter dem Namen GURI vertrieben.

An den Rastplätzen herrschte immer ein reger Betrieb. Venezuela ist ein Fleisch-Land, d.h. es wird überall Rindfleisch in Form von Steaks bester Qualität angeboten. Ansprechend duftete es nach Gegrilltem. Der Magen begann zu knurren, selbst wenn man noch gar keinen richtigen Hunger hatte. Gegessen habe ich an freien Ständen. Im Vordergrund steht ein Chevrolet 6400.

Mack
Mack
MACK
CARGA
LARGA
311·DAL

Gegenüber des Rastplatzes befand sich die Tankstelle. Hier, in dem kleinen Städtchen Guatire an der Nationalstraße 9, sammelten sich einige schwere Mack-Gespanne zum gemeinsamen Tanken. Die vierachsigen Anhänger waren üblich in Venezuela.

Eine imposante Kombination aus Zugmaschine und Anhänger. CARGA LARGA, schwere Fracht, zeigt den übrigen Verkehrsteilnehmern, dass es sich um einen »dicken Brummer« handelte. Es war immer ein Genuss, wenn die Motoren angelassen wurden und das Pfeiffen der Turbolader einsetzte.

ASTOR
NUESTRO CLASICO
VEPACO

Recycelte Rohstoffe waren auch in Venezuela gefragt. Hier sehen Sie ebenfalls einen Mack R 600, beladen mit gepresstem Schrott, aus Richtung Miranda kommend.

URUGUAY

In Uruguay galten bis vor ca. 5 Jahren noch relativ lasche Abfallgesetze. Jeder stellte seinen Müll da ab, wo er gerade war. Ähnlich verfuhren sie mit den Autos. So richtig wollten sich die Menschen hier nie von den Oldtimern trennen. Restauriert wurden sie aber auch nicht, und so verrotteten sie über kurz oder lang doch im eigenen Hinterhof.

Uruguay gilt auch heute noch als eines der sichersten Länder in Südamerika. Man sagt, dass Uruguay noch bis vor kurzem ein lebendiges Automuseum gewesen sei, aber auch hier zwingt die Regierung die Fuhrunternehmer wegen des Klimawandels zum Umdenken. Das, was noch von den alten Schätzen übrig geblieben ist, kann sich jedoch durchaus sehen lassen.

Was mir dennoch in Uruguay auffiel, war die große Vielfalt an Lkw-Herstellern im Straßenverkehr. Insbesondere Großbritannien hat es hier zu einer gewissen Vormachtstellung gebracht. Leyland, Ford, Austin und AEC (wie bereits erwähnt hier unter dem Namen ACLO vermarktet) sind im täglichen Straßenbild noch nicht wegzudenken. Der Charakter dieser alten, schwächelnden Fahrzeuge passt zu der gemütlichen Lebensart der Bevölkerung.

Auf den örtlichen Märkten wurden die Früchte des Landes angeboten. Die Landbevölkerung war wahrscheinlich froh, dass die alten Kleinlaster noch nicht den Geist aufgegeben hatten. Deutsche Wertarbeit zeichnet sich anscheinend immer noch aus, dieser Opel Blitz war unverwüstlich.

Ein AEC aus den 1950er Jahren. Das Modell Matador transportiert hier Zementsäcke über einen Bahnübergang. Wie bereits erwähnt, laufen die Fahrzeuge für diesen Markt in Südamerika unter dem Fabrikat ACLO. Auch die Hafenanlage von Montevideo war im Hinblick auf die dort befindlichen alten Lastwagen eine Augenweide.→

500-138
TERMINANTEMENTE
PROHIBIDO ESTACIONAR

Foto: Ralf Weinreich